空间规划的合约分析丛书

丛书主编　李贵才　刘世定

基于合约视角的存量规划

A STUDY ON INVENTORY PLANNING BASED ON CONTRACT PERSPECTIVE

刘一鸣　著

“空间规划的合约分析丛书”总序

摆在读者面前的这套丛书，是北京大学深圳研究生院的一个跨学科研究团队多年持续探索的成果。

2004 年 9 月，我们——本丛书的两个主编——在北京大学深圳研究生院相识。一个是从事人文地理学和城市（乡）规划教学、研究并承担一些规划实务工作的教师（李贵才），另一个是从事经济社会学教学和研究的教师（刘世定）。我们分属不同的院系，没有院系工作安排上的交集。不过，在北京大学深圳研究生院，教师之间和师生之间自由的交流氛围、比较密集的互动，包括在咖啡厅、餐厅的非正式互动，却屡屡催生一些跨越学科的有趣想法以及合作意向。

使我们产生学术上深度交流的初始原因之一，是我们都非常重视实地调查。在对有诸多居民工作、生活的城市和乡村社会进行实地调查的过程中，作为空间规划研究者和社会学研究者，我们发现相互之间有许多可以交流的内容。我们了解到居民对生活环境（包括景观）的理解，观察到空间格局对他们行为和互动方式的影响，观察到空间格局变化中政府、企业力量的介入和政府、企业与居民间的互动，观察到这些互动中的摩擦和协调，等等。在交流这些了解到/观察到的现象的同时，我们也交流如何分析这些现象、从各自学科的视角看待这些现象的意义。

来自这两个学科的研究者间的交流产生了某种——有时是潜在的、默识中的——冲击力。注重实然分析和理论建构的社会学研究者常常习惯性地追问：空间规划研究领域拥有何种有社会意涵的分析性理论工具？对于注重形成操作性方案的空间规划研究者来说，他们会习惯性地追问社会学研究者：你们对社会摩擦、冲突的描述和分析，能为建设一个更美好的社会提供怎样的潜在可行提示？

这种冲击力引起了双方各自的反思。参与交流的空间规划研究者意识到，迄今为止，空间规划学界中所谓的空间规划理论，虽然有一些具有实然性理论的特点，但更多的则是对应然性思想的论述。而借鉴其他学科的分析性理论、联系空间规划的实践，是可以也有必要推进空间规划的分析性基础理论发展的。参与交流的社会学研究者则意识到，要建构对社会建设更具提示性的理论，需要在社会互动和社会制度的关系方面进行多类型的、前提条件更明确的深入探讨。在中国当前的城市化及空间格局变化中，空间规划的实践提供了这方面研究的重要场域。

经过多年的交流、反思、探讨，我们二人逐渐明确、着手合作并引起一些研究生兴趣的研究主题之一是，从合约视角对空间规划特别是城市规划进行探讨。其间，李贵才约刘世定到北京大学深圳研究生院城市规划与设计学院讲授合约概念、合约理论的源流和现代合约分析的特点，和学生一起讨论如何将合约分析与空间规划结合起来。

虽然到目前为止，合约理论及合约分析方法主要是在空间规划之外的社会科学中发展的，但是从合约角度看待规划的思想，对空间规划学者来说，既不难理解，也不陌生。例如，芒福德在《城市发展史》中曾形象地描述："在城市合唱队中，规划师虽然可以高声独唱，但总不能取代全队其他合唱队员的角色，他们按照一个和谐的总乐谱，各自唱出自己的部分。"[①] 在这个比喻中就蕴含着规划的合约思想。

空间规划作为对空间建设行动的规制，属于制度范畴。当规划被确定为法规时，其制度特性更得到明显的体现。例如，1989年12月26日，第七届全国人民代表大会常务委员会第十一次会议通过的《中华人民共和国城市规划法》"总则"第十条规定"任何单位和个人都有遵守城市规划的义务，并有权对违反城市规划的行为进行检举和控告"；第二十九条规定"城市规划区内的土地利用和各项建设必须符合城市规划，服从规划管理"；第三十条规定"城市规划区内的建设工程的选址和布局必须符合城市规划"；

① 刘易斯·芒福德：《城市发展史》，宋俊岭、倪文彦译，中国建筑工业出版社，2005，第369页。

等等。在这里，城市规划的制度特性得到鲜明的体现。

对制度有不同的研究方法，合约分析方法是其中的一种。从合约角度看，制度是人们相互认可的互动规则。合约分析方法正是抓住行动者之间相互认可、同意这一特点进行互动和制度研究的。

从合约角度可以对空间规划概念做这样的界定：空间规划是规制人们进行空间设施（包括商场、住宅、工厂、道路、上下水道、管线、绿地、公园等）建设、改造的社会合约。这意味着在我们的研究视角中，空间规划既具有空间物质性，也具有社会性。

在我们看来，合约理论可以发展为空间规划的一个基础理论，合约可以发展出空间规划分析的一个工具箱。利用这个工具箱中的一些具体分析工具，如合约的完整性和不完整性、合约的完全性和不完全性、多阶段均衡、规划方式与社会互动特征的差别性匹配等，不仅可以对空间规划的性质和形态进行分析，而且可以针对空间规划的社会性优化给出建设性提示。

从本丛书各部著作的研究中，读者可以看到对合约理论工具箱内的多种具体分析工具的运用。在这里，我们想提请注意的是合约的不完整性和不完全性概念。所谓完整合约，是指缔约各方对他们之间的互动方式形成了一致认可的状态；而不完整合约则意味着人们尚未对规则达成一致认可，互动中的摩擦和冲突尚未得到暂时的解决。所谓完全合约，是指缔约各方对于未来可能产生的复杂条件能够形成周延认知，并规定了各种条件下的行为准则的合约；而不完全合约是指未来的不确定性、缔约各方掌握的信息的有限性，导致合约中尚不能对未来可能出现的一些问题做出事先的规则界定。合约的不完全性，在交易成本经济学中已经有相当多的研究，而合约的不完整性，则是我们在规划考察中形成的概念并在前几年的一篇合作论文中得到初步的表述。[①]

在中国的空间规划实践中，根据国家关于城乡建设的相关法律规定，法定城市（乡）规划包括城市（乡）总体规划和详细规划，其中对国有土地使用权出让、建设用地功能、开发强度最有约束力的是详细规划中的控制性规划（深圳称为"法定图则"），因而政府、企业及其他利益相关者对

---

① 刘世定、李贵才：《城市规划中的合约分析方法》，《北京工业大学学报》（社会科学版）2019 年第 2 期。

控制性规划的编制、实施、监督的博弈最为关注。在控制性规划实施过程中的调整及摩擦特别能体现出城市（乡）规划作为一类合约所具有的不完整性和不完全性。

在此有必要指出，空间规划的合约分析方法不同于在社会哲学中有着深远影响的合约主义。社会哲学中的合约主义是一种制度建构主张，持这种主张的人认为，按合约主义原则建构的制度是理想的，否则便是不好的。我们注意到，有一些空间规划工作者和研究者是秉持合约主义原则的。我们在这里要强调的是，合约主义是一种价值评判标准，它不是分析现实并有待检验的科学理论，也不是从事科学分析的方法。而我们试图发展的是运用合约分析方法的空间规划科学。当然，如果合约主义者从我们的分析中得到某种提示，并推动空间规划的社会性优化，我们会审慎地关注。

2019 年，《中共中央、国务院关于建立国土空间规划体系并监督实施的若干意见》（中发〔2019〕18 号）把在我国长期施行的城乡规划和土地利用规划统一为国土空间规划，建立了国土空间规划的“五级三类”体系：“五级”是从纵向看，对应我国的行政管理体系，分五个层级，就是国家级、省级、市级、县级、乡镇级；“三类”是指规划的类型，分为总体规划、详细规划、相关的专项规划。本丛书在定名（“空间规划的合约分析丛书”）时，除了延续学术上对空间规划概念的传统外，也注意到规划实践中对这一用语的使用。

“空间规划的合约分析丛书”的出版，可以说是上述探讨过程中的一个节点。收入丛书中的 8 部著作，除了我们二人合著的理论导论性的著作外，其余 7 部都是青年学子将社会学、地理学及城市（乡）规划相结合的学术尝试成果。应该承认，这里的探讨从理论建构到经验分析都存在诸多不足。各部著作虽然都指向空间规划的合约分析，但不仅研究侧重点不同、具体分析工具不尽相同，甚至对一些关键概念的把握也可能存在差异。这正是探索性研究的特征。

要针对空间规划开展合约研究，一套丛书只是“沧海一粟”。空间规划层面仍有大量的现象、内容与问题亟待探讨。在我国城镇化进程中，制定和实施高质量空间规划是一项重要工作，推出这套丛书，是希望能起到“抛砖引玉”的作用。

就学科属性而言，这套丛书是社会学的还是空间规划学的，读者可以自行判断。就我们二人而言，我们希望它受到被学科分类规制定位从而分属不同学科的研究者们的关注。

同时，我们也希望本丛书能受到关心法治建设者的关注。在我们的研究中，合约的概念是在比法律合约更宽泛的社会意义上使用的。也就是说，合约不仅是法律合约，而且包括当事人依据惯例、习俗等社会规范达成的承诺。不论是法律意义上的合约，还是社会意义上的合约，都有一个共同点，即行动者之间对他们的互动方式的相互认可、同意。空间规划的合约分析方法正是抓住行动者之间相互认可、同意这一特点，来对空间规划的制定、实施等过程进行分析。这种分析，对于把空间规划纳入法治轨道、理解作为法治基础的合约精神，将有一定的帮助。

这套丛书是北京大学未来城市实验室（深圳）、北京大学中国社会与发展研究中心（教育部人文社会科学重点研究基地）和北京大学深圳研究生院超大城市空间治理政策模拟社会实验中心（深圳市人文社会科学重点研究基地）合作完成的成果。在此，对除我们之外的各位作者富有才华的研究表示敬意，对协助我们完成丛书编纂组织和联络工作的同事表示谢意，也对社会科学文献出版社的编辑同人表示感谢。

李贵才　刘世定

2023 年 7 月

序

本书作者拥有社会学和地理学跨学科教育背景，这部著作也是作者开展这种交叉研究的学术探索。作者观察到，在空间规划由增量向存量转型的过程中，大多数面向存量规划的制定、实施及监督仍然以传统的工程管理和经济效益为主，社会性规划启发相对有限。作者认为，制度研究是推动空间规划从应然性研究拓展到实然性研究的重要路径，其中合约是重要的视角。

以合约的视角来看待城市空间规划，增量规划合约的一个理想逻辑是将城市规划视为一个“自上而下”能够顺利实施的法定方案，增量规划合约的结构是以政府为主导、完全且完整的合约，体现的是一种“工程规划”，合约的认可剩余控制权由政府单方掌握，规划的实施是一种权威治理。而更现实的设定是，存量规划的合约逻辑是“自上而下”的法定边界与“自下而上”的非法定边界出现认知上的重叠，合约结构是由政府、村集体、企业等构成的多元社会主体，体现的是一种“社会规划”，合约的认可剩余控制权由多元主体共同掌握，规划的执行是一种多边治理。

全书从制度约束层面的缔约背景、系统组织层面的路径策略、模式层面的“关系 - 要素 - 结果”三个维度出发，构建了存量规划与城市更新的合约分析框架。制度约束层面的缔约背景关注案例的松、紧、软、硬约束属性。系统组织层面的路径策略关注案例如何从“自上而下”的权威与“自下而上”的认同对立的不完整规划方案转换为既在法定规划体系内又能够比较容易执行的完整规划方案。模式层面的“关系 - 要素 - 结果”分析梳理了具体案例的组织方式。

在城市规划研究中，本书继采用合约理论解释了控制性详细规划调整与产业用地到期治理之后，进一步将合约理论延伸至存量规划领域。第一，突破了制度研究中合约的“显－隐”分析框架，延续了短缺经济学派提出的合约“软－硬”约束分析框架，发展出合约的“松－紧”约束分析框架。第二，在“不完整－完整”基础上构建了分析经验素材的操作化框架，即城市规划的不完整性机制维度与城市规划的不完整性修复维度，推动了“不完整－完整”合约分析的发展与应用。第三，在案例描述性分析的基础上进一步完成了对抽象要素与抽象关系的提取和组合，形成了“模式分析”表达。

综上所述，本书是将空间规划从应然性讨论提升至实然性讨论的尝试，也对空间规划制度研究具有重要理论价值，是为序。

李贵才

2023 年 8 月

目 录

第 1 章

绪论

1.1 研究依据

1.1.1 城市规划的制度体现是合约缔结过程

（1）社会中广泛并行着正式认同与非正式认同

城市规划是政府空间治理效率最优的法定行为之一。在市场经济条件下，我国的规划管理是应对无序发展关键的“看得见的手”。伴随着规划管理工作的深入发展，与城市的规划相关的管理在方向上逐渐形成了多元化体系，其中国民经济和社会发展规划注重目标和策略，城市规划注重规划区内的地块功能与开发强度，土地利用规划注重行政区内的土地指标，环境保护规划则强调保护与约束（方创琳，2017）。

多元规划管理体系有效解决了城市空间缺乏管理问题，但也导致出现新问题。一方面是规划种类繁多且内容存在交叉，规划之间的协调滞后（林坚、乔治洋，2017）；另一方面是各项规划的管治力度不断加大，多规不合导致的问题逐渐凸显。最终整体规划管理体系呈现“发改管理目标、国土管理指标、住建管理坐标、环保管理基准达标”的空间管理分立状态（沈迟、许景权，2015）。2014 年，国家多部委联合下发的《关于开展市县“多规合一”试点工作的通知》（发改规划〔2014〕1971 号）提议在部分试点地区开展“多规合一”工作，标志着推进中国空间规划制度的改革已在国家层面形成共识。2019 年，中共中央与国务院正式公布了《关于建立国土空间规划体系并监督实施的若干意见》，确立了中国国土空间规划体系顶层设计和“四梁八柱”，正式建立起了新时代国土空间规划体系（赵龙，2019）。需要指出的是，规划体系林立的“多规时代”与“国土空间规划时代”所制定的规划都是政府确立的具有法律效力或行政效力的“自上而下”正式认同。图 1－1 给出了我国空间要素管制与管理部门分布。

“自上而下”的正式认同是法学意义上的法案或条例，是政府对城市空间格局做出的法定承诺，以法律文件和行政条例，如《中华人民共和国城乡规划法》、《中华人民共和国土地管理法》、《深圳市城市规划条例》与《深圳市土地征用与收回条例》等背书。相反，行为主体“自下而上”的实际占有是一种非正式认同，它是社会学意义上的社会认同，是权利主体对城市空间格局的实际占有以及其他社会成员对其占有权利的认同。这里“占有”是指个人或团体对具备经济属性物品的排他性利用或控制（于光远，1991：280～305），在本书中也就是村民或村集体对土地的排他性利用与控制。“实际占有”是指村民的占有在认定机制中并未获得法律、行政规定与官方意识形态的认可，只有民间通行的普遍社会规范和特殊人际关系网络的认可（刘世定，2003：6），但是当实际占有成为习惯性的现象，并且得到社会规范和人际关系网络的支持后，通过这种非正式方式建立的产权就会不断强化，甚至在将来成为正式产权的基础（Victor and Su，1996）。

综上所述，正式认同是政府规定并通过系统组织来保障实施的制度，与国家权威及社会治理直接相关，是一种有意识且精细布局的制度建构。而非正式认同是社会成员之间通过普世化的认知、价值、理念沉淀和演化而形成的一种约定俗成的规则（刘世定，2011：44）。一般正式认同会涉及法案、条例与规划等，非正式认同会涉及备忘录、承诺、约定、乡约、民俗等。比如城中村现象就可以被视为一项非正式认同，一方面农村集体组织与村民在事实上占有着土地，另一方面占绝对多数的社会成员也默认了他们的实际占有。在“权利”（rights）未被大多数社会成员认可为“正确”（right）的情况下（周其仁，2017：118），就可能演化出诸多缺乏行政实施效力的“合法外”用地（聂家荣等，2015），并形成日后利益关系错综复杂的历史遗留问题（罗罡辉等，2013）。因此，社会对于深圳的存量用地事实上存在两套认同，一套是正式认同，另一套是非正式认同（见表 1－1）。

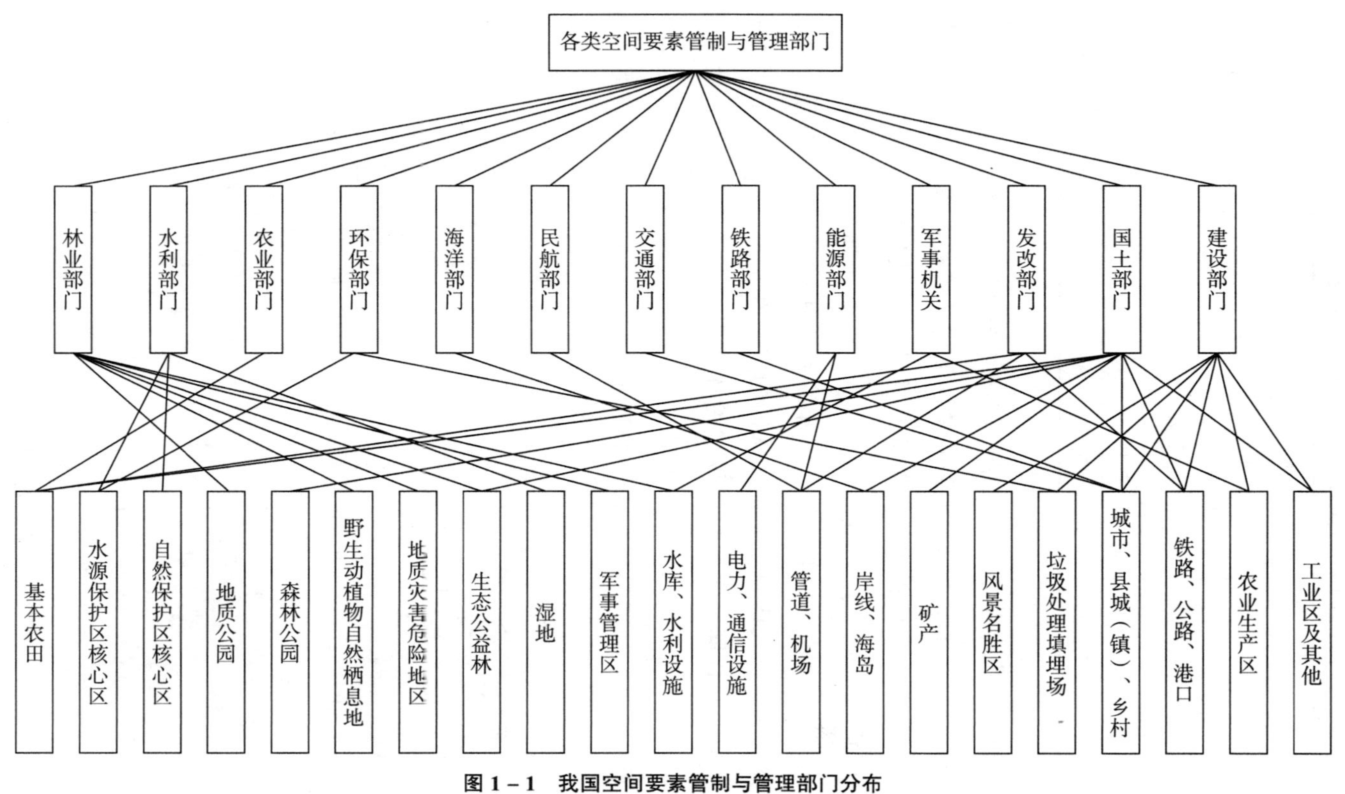

图1-1 我国空间要素管制与管理部门分布

资料来源：根据林坚等（2015）绘制。

表 1－1　正式认同与非正式认同的分类

	正式认同	非正式认同
属性	强制属性	协调属性
案例	法案	备忘录
	条例	承诺、约定
	权利、义务	乡约、民俗
	“自上而下”的规划	“自下而上”的占有

土地权利的边界并非建立在稳固的法律制度之上，相反却经常伴随着权利与利益不断变化，表现出极大的弹性空间（张静，2003）。在现实城市发展场景中，存在多种正式认同与非正式认同的组合形式。正式认同代表着“自上而下”的权威，非正式认同代表着“自下而上”的约定，正式认同与非正式认同都有各自的边界，二者关系如图 1－2 所示。这里存在两种理想状态。一是正式认同与非正式认同的边界在初始自然状态下即为并行状态，这时两套认同会在各自的场域发挥效用，二者并行不悖，然而现实社会中很难找到完全由单一认同主导的社会形态，所以正式认同与非正式认同边界并行是一种“乌托邦式”的理想场景。二是正式认同与非正式认

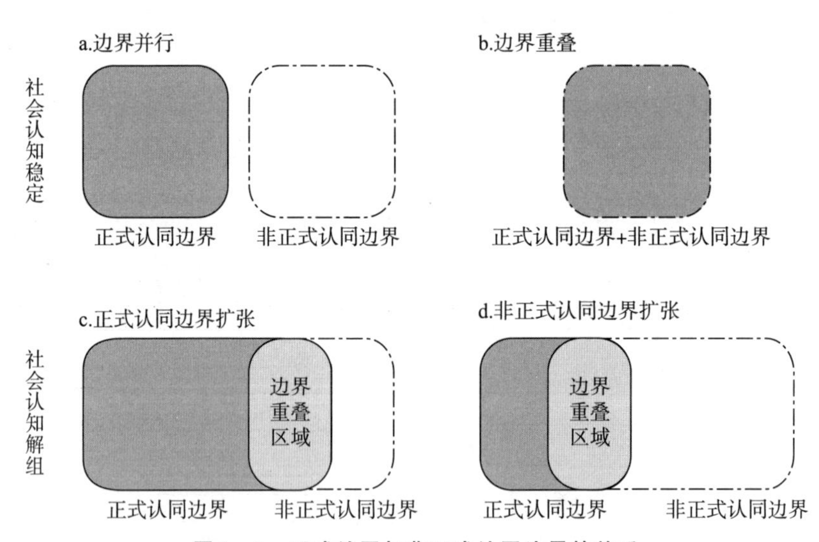

图 1－2　正式认同与非正式认同边界的关系

同的边界在初始自然状态下即为重叠的状态，这时“自上而下”的权威与“自下而上”的约定会自然耦合，然而现实社会中也很难找到初始状态即为边界重叠的社会形态，所以正式认同与非正式认同初始边界重叠也是一种“乌托邦式”的理想场景。

常态化现实场景往往是正式认同与非正式认同边界存在部分重叠的情况，为了推进某项社会工程或解决某个社会议题，降低未来潜在的由纠纷带来的社会成本，就需要力促实现正式认同与非正式认同边界重叠的目标，使得基于各自认同边界的两套认同融合为一套新的认同，弥合在社会运行过程中可能存在的认知偏差，实现社会认知的稳定。当然，正式认同与非正式认同整合成为一个新的边界重叠的认同的过程可能充满矛盾与冲突，比如正式认同边界扩张至非正式认同边界内，也就是正式认同外部植入非正式认同，此时从正式认同的视角看，非正式认同的激励原则就是违规原则，这时就可能引发既往持非正式认同主体的反对；或者非正式认同边界扩张至正式认同边界内，也就是非正式认同外部渗透正式认同，此时从非正式认同的视角看，正式认同的规范原则就是低效运行，在正式认同内采取非正式认同就可能损害公平与正义原则。

总之，正式认同边界扩张至非正式认同边界内的情形以及非正式认同边界扩张至正式认同边界内的情形都会导致行为主体的认知偏差，进而造成社会认知解组的隐患。现实的多样性与丰富性往往会突破理想预设，正式认同与非正式认同并存且部分重叠的局面可能才是常态，同时又很难寄希望于一种认同状态完全覆盖另一种认同状态，比如深圳的城中村问题就很难使用“自上而下”的规划方案强制推行。

“自上而下”的权威边界与“自下而上”的约定边界存在交叉或重叠会导致制度摩擦与制度张力，并产生社会成本。社会主体行动的正当性取决于社会成员对其目标与手段的认可，只要认可存在障碍，主体就需要为此付出代价（刘世定，2011：183）。一方面政府维护正式认同的成本会持续上升，另一方面可能激发主体潜在的越轨倾向。解决认同制度张力问题的方式主要有三种。第一种方式是通过强力手段将正式认同的规则拓展至全部非正式认同中，实现正式认同对非正式认同边界的全覆盖，这种强制措施实施的可能性取决于政府、非正规的社会行动以及通行的伦理道德规范（阿尔钦，2014：121～129），一般需要付出高昂的社会成本；第二种方式是放任非正式认同对正式认同的肆意蚕食，实现非正式认同对正式认同边界的全覆盖，这种方案显然又违背了发展的建设性原则；第三种方式是通过沟通与协调的机制，促使既有主体确立一致的认同，建立正式认同与非正式认同的合约关系。

（2）整合正式认同与非正式认同的合约

“合约”（contracts）虽然是一个在社会生活中人们习以为常的概念，简单来讲就是行为主体之间达成的共识与认同，建立在社会主体对合约内容合意的基础上（崔建远，2010：40），但是在不同的尺度上却有不同的概念内涵。狭义的合约是指法学意义上的合同，广义的合约是指社会学意义上行为主体之间一致同意的态度，包括一切法定合约与非法定合约。所谓的法定合约包括法学意义上的合同，也包括司法主体与行政主体颁布的指令，非法定合约就是社会层面广泛存在的承诺与约定。狭义的合约涉及在特定政府法律指引与约束下个人主体或企业主体之间的交易行为，广义的合约既涉及微观层面行为主体的交易行为，也涉及中观层面公共选择的程序结果（阿罗，2000）、民主政治过程（唐斯，2005）以及公共选择事务的处理方法（布坎南、塔洛克，2000），还涉及宏观层面主权国家之间遵循的国际规则与国际惯例，例如，《威斯特伐利亚和约》在确立主权国家概念时，一方面以合约的方式约定了国家无论大小均可以以主权国家身份参与国际事务的规则（Osiander，2001），另一方面又以合约的方式约定了诸多国家关系准则，如和平共处、主权国家平等、和平解决争端、禁止使用武力、均衡势力、共同安全保障、集体制裁等原则，通过合约的方式建立了近代意义上的国际关系体系（李明倩，2012）。狭义的合约会随时代与国别的变化发生具体的改变，比如公认的现代契约法肇始于西方的罗马法（梅因，1984：177），目前我国的行为主体合约权利与合约义务法定依据是《中华人民共和国民法典合同编》；广义的合约是指在合约自由与合约神圣精神下（沃因、韦坎德，1999：6）所有通过建立关系指引行为的社会活动。

（3）合约视角下的城市规划

如果以合约视角来看待城市规划，城市规划就是在多元权益主体协调与沟通基础上，通过重塑正式认同与非正式认同边界，形成对空间的一致认可状态，最终构建出稳定的空间秩序。为了提高城市规划实施的可能性，有必要在体制机制上充分弥合“自上而下”权威与“自下而上”约定的偏差，促使非正式认同与正式认同两类认同形成相互契合的格局，由此达成对城市发展的一致性意见。

需要指出的是，尽管合约的缔结存在沟通成本，但是也能带来收益。一方面，合约能够激发制度活力，比如树立制度威严与制度自信，通过将大量非正式认同纳入正式认同的框架，就能够将社会中广泛存在的“自下而上”约定转换为对“自上而下”权威的服从。另一方面，合约能够创造缔结收益，政府通过城市规划合约既可以修复不完备的法定规划、树立规划法定权威，又可以提升土地利用效率与效益；权益主体既可以获得法定权威认同，又可以获得收益，改善生活品质；开发企业既可以开拓房地产开发业务，又可以获得组织沟通与协调的服务收益。城市规划正是通过合约关系帮助了多元主体实现既有收益提升的目标。

1.1.2 合约视角下增量规划到存量规划的转变

我国城市规划根据现实场景可以分为两类，第一类是增量规划，第二类是存量规划。1982 年，我国宪法将中国的土地明确划分为农村、城市郊区土地和城市土地。其中，农村、城市郊区土地（除法律规定属于国家所有的以外）为集体所有制土地，城市土地为国家所有的土地。1998 年修订的《中华人民共和国土地管理法》明确规定，国家征用是农村土地转为城市土地的唯一合法途径（Qiao，2018：4 – 5）。伴随着我国城市化进程的加快，城市边缘的农村集体土地成为一些地方政府热衷于征收的土地。在本书中，我们将地方政府在“征转”的新增建设用地上制定或实施的城市规划称为增量规划，在遇到增量建设用地瓶颈时或者为既有建设用地提质增效而制定或实施的城市规划称为存量规划。

（1）合约视角下的增量规划

在增量规划的背景下，城市政府代表着全体人民的共同利益。当城市规划面对国家所有的土地时，城市政府可以通过“征收 – 补偿”的方式与权益主体达成合约关系，这种合约关系是清晰的；当城市的边界拓展至农村地区，城市规划就需要面对集体所有制土地。但是，集体所有制土地属于村民集体所有，由村集体经济组织或村民委员会经营管理。当城市政府代表全体人民的共同利益征收农村集体所有的土地时，就需要按照《中华人民共和国土地管理法》要求给予公平与合理的补偿，同时保障被征地农民生活水平不下降、长期生活有保障。补偿一般可以理解或转化为货币性补偿，生计保障一般在操作的过程中被确定为农村集体经济组织留用地（全国人大常委会，2019）。以广东省的地方政策为例，《广东省征收农村集体土地留用地管理办法（试行）》指出，政府在征收农村集体土地后，需要按实际征收土地面积的10%～15%，向被征地农村集体经济组织返还留用地，并将其作为他们发展生产的建设用地。留用地的使用权和收益均由农村集体经济组织所有（广东省人民政府办公厅，2009）。

增量规划的合约目标是不断地获取新增建设用地，获得土地财政红利（张京祥等，2013）。改革开放以来，伴随着1987年土地制度改革在深圳的开启以及后续税收制度改革与住房制度改革的齐头并进，中国开始走上城市化发展的高速车道，土地城市化尤为凸显。2009～2018年，全国年均征地面积为1524.34平方千米，建设用地年均增加1779.45平方千米（国家统计局，2010，2019），实际上形成了以土地扩张为主要特色的城市化发展模式（周其仁，2017：97～99）。大多数城市发展遵循着相似的扩张逻辑，形成了不断外延的城市空间与新区建设如火如荼的局面。因此，合约视角下的增量规划在空间上表现为着力解决城市拓展的问题（见表1－2），但是也遗留下了诸多难以解决的问题，其中的典型即为村民的实际占有。

在增量规划合约缔结的过程中往往可能潜存着合约的不完备内容，也就是说集体所有制土地转为国家所有的土地的过程中存在着难以缔结合约的产权与模糊的产权。其一，政府没有把所有的集体所有制土地完全转换成国家所有的土地，国家征用的是作为农民生产资料的土地，留下的是作为农民生计与生活资料的土地，所以村集体的自留地或返还地等集体所有制土地仍然镶嵌在城市扩张的版图中（李培林，2002）；其二，在集体所有制土地完全转变为国家所有的土地的执行过程中，可能存在着由执行力、技术手段或历史遗留问题等原因造成的国家认为某块土地属于国家所有，但农村集体不承认的情况，也就是出现“合法外土地”；其三，集体所有制土地完全转换为国家所有的土地以后，由于政府监管的问题以及村民追求租金收益，存在着未经过政府批准即在农村集体土地上自主改建、加建和抢建的行为，这些建筑也被称为“违法建筑”。这些“合法外土地”和“违法建筑”实际上获得了水、电、工商、消防等公共部门的登记、备案与验收（徐远等，2016），又承担了为大量外来人口提供廉租房的功能（邹兵、周奕汐，2020）。与城中村相关的群体实际上形成了一种社会结构，这种结构可能是先赋形成的抑或行动者集群在社会互动中沉淀积累的。这种社会结构有一定规范，并且获得了一定数量行动者的认同（王水雄，2003：227），这类现象尽管没有获得法定规划的承认，但是在事实层面确实存在并拥有广泛的社会认可基础。

（2）合约视角下的存量规划

现实中地方政府制定的法定规划与实际占有主体之间存在着诸多的产权模糊空间以及主体模糊空间，在存量规划的背景下城市规划的合约关系主要是建立在地方政府与实际占有主体之间的。在这种情境下，由政府单一主体确立的“自上而下”法定规划往往无法获得实际占有主体的认同，也无法使城市规划方案落地，典型的案例即在增量规划时代“控规大会战”和“控规全覆盖”进程中，不得不针对法定图则范围内的城中村地区进行适应性调整，针对产权模糊和主体模糊的地区在规划方案中通过“开天窗”手段划定“留白地”。例如，深圳市第一个法定图则中的福田岗厦河园片区（1999 年《深圳市福田 01 - 01 片区［中心区］法定图则》）的改造（赵若焱，2013），以原农村集体行政管理边界为基础，划定空间范围上的“天窗区”，同时在“天窗区”范围内仅明确用地面积和配套实施规模，划定空间指标上的“留白地”。存量规划的合约目标是通过发展权再分配过程提升各个主体的既有收益，进而在整体上实现土地提质增效。因此，存量规划合约在空间上表现为着力于解决增量规划遗留的问题。

表 1 - 2　合约视角下增量规划与存量规划的解读

	增量规划	存量规划
合约主体	地方政府、农村集体	地方政府、实际占有主体、企业等
合约产权关系	清晰的产权： ①地方政府通过“征收 - 补偿”方式征收国家所有土地； ②地方政府通过“征收 - 补偿”方式征收集体土地并留下留用地	模糊的产权： ①地方政府认为的“合法外土地”和“违法建筑”； ②权益主体的实际占有以及绝大多数社会成员的认可
合约目标	新增建设用地	土地提质增效
合约收益	土地财政红利	发展权再分配
合约空间表征	着力于解决城市拓展问题，遗留下问题	着力于解决增量规划遗留的问题

综上所述，增量规划的合约逻辑是将城市规划视为一项“自上而下”能够顺利实施的法定方案，因此增量规划合约的结构是以政府为主导的，且考虑周全。这时城市规划体现的是一种“工程规划”特质，合约认可的剩余控制权由政府单方掌握，规划的执行是一种权威治理。存量规划的合约逻辑开始发生改变，“自上而下”的法定边界与“自下而上”的非法定边界出现认知上的重叠。因此存量规划合约的结构包含由政府、村集体、企业等构成的多元社会主体。这时规划体现的是一种“社会规划”特质，合约认可的剩余控制权由多元主体共同参与行使，因此规划的执行是一种多边治理。我国现行的城市规划思想、技术体系和管理方式更适用于城市的拓展，面对逐步增加的存量开发需求，势必要进一步推动城市更新的发展，如果继续应用现行的自上而下的强制性规划，将面临学理和法理的根本挑战（吴志强，2011）。以合约的视角来看待深圳存量规划到增量规划的转型，无疑有重要的现实意义和社会价值。

1.1.3 合约理论的选择

合约是人类进入文明社会以来使人与人之间、主体与主体之间、组织与组织之间达成共识的一种制度安排。20 世纪 60 年代以前，城市规划被视为城市工程学下关于土地的学科（Taylor，1999：29－43），代表着工程理性（杨建科等，2009）。后来这种思路开始不断经历争议（Scott，2020），在不断改进的过程中，城市中的经济、社会、文化等层面不断深入城市规划研究范畴中（Mayer，1969），城市规划与社会规划不断地碰撞与交织，使得城市规划研究开始具备了制度的属性。2006 年开始施行的《城市规划编制办法》将城市规划定义为政府调整城市空间资源、指导城乡发展和建设、维护社会公平、保障公共安全和公众利益的重要公共政策之一，明确了中国城市规划从“技术型建设性规划”到“制度型发展性规划”的转型方向（刘佳燕，2009：46～47）。时至今日，在进入存量规划阶段的背景下，城市规划将与社会规划更加密切地交织在一起（Bromley，2003），这无疑将带来使用合约研究视角最好的经验素材。

有关合约理论的研究在整个学术界集中在四个学科上，具体涉及法学、经济学、政治学和社会学。目前，这些学科已经基于本学科独特的研究视角积累了各自关于合约的认知。各个学科对于合约虽有共识，但是在具体的合约立论、合约主体、合约条件、完善方式、合约目标、违约后果上又存在着不同的观点（见表1－3）。

表1－3 不同学科关于合约观点的对比

	法学	经济学	政治学	社会学
合约立论	法律人	经济人	政治人	社会人
合约主体	具象的行为主体关系	抽象的交易主体关系	抽象的政治权利主体关系	抽象的社会主体关系
合约条件	缔约自由，合约神圣	合约的完全性	权利正当性	成员认同
完善方式	默认附随权利与义务	加强事后监管	权利关系重组与重构	获得所有成员的一致认可
合约目标	避免纠纷、维护社会公平与公正	降低交易成本、提高经济运行效率	构建理想共同体、维持稳定的政治生态平衡	协调社会成员对于特定事件与特定问题的认同关系、化解社会矛盾、实现社会稳定运行和良性发展
违约后果	部分行为主体权利受损	部分经济主体收益降低	政治体制紊乱	部分社会主体对社会认同度降低

法学对于合约的理解立足点是“法律人”，合约的主体是具象的行为主体关系，合约的条件是基于缔约自由与合约神圣的理念。对于合约的完善是默认行为主体之间签订合约时的附随权利与义务。法学层面违反合约的后果是部分行为主体权利受损，因此签订合约的目标是避免纠纷、维护社会公平与公正。

经济学对于合约的理解立足点是“经济人”，合约的主体是抽象的交易主体关系，合约的条件是其完全性属性，也就是合约主体能够充分协调未来市场预期。因此，处理合约的不完全性而完善合约就有赖于对于交易关系的事后监管。经济学层面违反合约的后果是部分经济主体经济收益降低，因此签订合约的目标是降低交易成本、提高经济运行效率。

政治学对于合约的理解立足点是“政治人”，合约的主体是抽象的政治权利主体关系，合约的条件是权利正当性，完善合约的手段就是权利关系的重组与重构。政治学层面违反合约的后果是政治体制紊乱，因此签订合约的目标是构建理想的共同体、维持稳定的政治生态平衡。

社会学对于合约的理解立足点是“社会人”，合约的主体是抽象的社会主体关系，也就是拥有社会关系的所有主体。合约的条件是成员认同，因此完善合约的手段就是要争取获得所有成员的一致认可。社会学层面违反合约的后果是部分社会主体对社会认同度降低，因此签订合约的目标是协调社会成员对于特定事件与特定问题的认同关系、化解社会矛盾、实现社会稳定运行和良性发展。

如果我们将城市规划理解为一项合约，那么法学、经济学和政治学的观点在增量规划背景下处理规划执行的问题时具有现实意义。例如，将法学层面的附属权利与附属义务在管理规范的执行操作流程中具体化，将经济学层面的加强事前设计与事后监管具体化为明晰产权与理顺收益关系，将政治学意义上权利关系的重组与重构理解为调整谈判准入门槛、重新定义有关问题讨论的话语权、重构规划范围的尺度等都具有现实意义与可操作性。然而，存量规划完全是一种新的合约背景，尽管现实中存在着增量规划时代留下的完备规范与执行流程，但是到了实际场景它们就是无法落地的城市规划，理想状态下明晰产权与理顺收益关系的路径在实际操作过程中却不甚畅通，现实中诸多案例凸显出的土地历史性遗留问题处于“剪不断，理还乱”的状态。当然，调整谈判准入门槛、重新定义有关问题讨论的话语权、重构规划范围的尺度等措施，短期内使用可能确实具有政策效力，但是如果把存量规划定位为一项长期政策以及未来城市规划发展的突破口，频繁运用类似方案可能潜存着被理解为机会主义行为的风险，进而积累更严重的危机。这种情况下，应把存量规划纳入社会学视域下的合约研究中，统筹所有社会成员的认可意见，在实现绝大多数成员一致认可的条件下提升城市规划的社会认可程度，降低社会风险，切实推进城市规划进程，确保城市规划方案的落地实施。

1.2 研究背景

1.2.1 存量规划日渐成为城市规划的重要议题

通过新增建设用地置换城市资本的发展模式塑造了既往中国的城市规划，也就是增量规划。增量规划是地方政府在土地财政制度背景和锦标赛管理与治理机制下，通过初始投资带动土地流通，进而获取土地差租的手段（周飞舟，2012：3～4）；主要思路即为扩张式规划，在空间层面表现为以规划为手段的空间治理工具迅速铺展（邹兵，2013）。自2008年《中华人民共和国城乡规划法》施行以来，大多数城市开始全面推进规划编制工作，形成了“控规大会战”的“盛况”，甚至一些城市还提出了“控规全覆盖”的目标（黄明华等，2009）。在规划的实践层面，城市规划方案迅速转化为建设成就，全国城市都在不断地推进造城运动（吴缚龙，2006）与行政区划调整（张京祥等，2002；张践祚等，2016），城市纵向空间上形成了众多的高楼大厦（周劲，2016），城市横向空间上形成了众多的新区与开发区（晁恒、李贵才，2020）。尽管增量规划对中国城市化与经济发展做出巨大贡献，但其也不断带来土地资源浪费、生态环境恶化和地方债务风险等问题，它们成为城市发展亟待破解的难题（邹兵，2015）。伴随着城市化1.0阶段“外延式扩张”的增量规划产生一系列问题，城市规划学界开始思考并呼吁转型至城市化2.0阶段“内涵式发展”的存量规划（赵燕菁，2017；施卫良，2014；邹兵，2013；林坚等，2019）。

第一，增量用地的使用已经进入“瓶颈期”。从全国层面来讲，2015年中央城市工作会议开始强调城市的集约发展，要求树立“精明增长”和“紧凑城市”理念，提倡城市修补，将城市发展从外延扩张式转变为内涵提升式，同时在全国范围内开展土地提质增效的改革试点。2019年3月12日，在第十三届全国人民代表大会第二次会议上，时任自然资源部部长明确表示：上一年度自然资源部首次减少了供给地方的新增建设用地指标，未来仍将进一步深化中央关于“严控增量、盘活存量”的工作机制。由此可见，中国未来新一轮城市化发展的核心将聚焦于城市存量空间的盘活利用。具体以深圳市为例，从2012年开始深圳的存量用地规模首次超过新增用地，存量用地的供应比重从2012年的56%逐渐上升，2014年达到69%（贺辉文等，2016），存量规划正在转变为城市空间发展的主要政策工具。

第二，增量用地的经济边际效益日益减小，土地财政的制度红利消耗殆尽。20世纪90年代，莫勒奇与洛根提出的城市“增长机器”理论被升华为城市规划研究中的“增长主义”理念，土地成为城市财富与权力的源泉，地方政府往往与企业形成“增长联盟”（Molotch，1976；Logan and Molotch，2007），获取土地财政的制度红利。如图1－3所示，2003～2010年全国国有土地使用权出让收入占地方财政收入的比例波动上升，2010年达到最高点，为67%。2011年以后，全国国有土地使用权出让收入占地方财政收入的比例呈波动下降趋势，2015年下降到40.56%，国有土地使用权出让收入对地方财政收入的贡献逐渐减少，土地财政的制度红利开始衰减（黄军林，2019）。

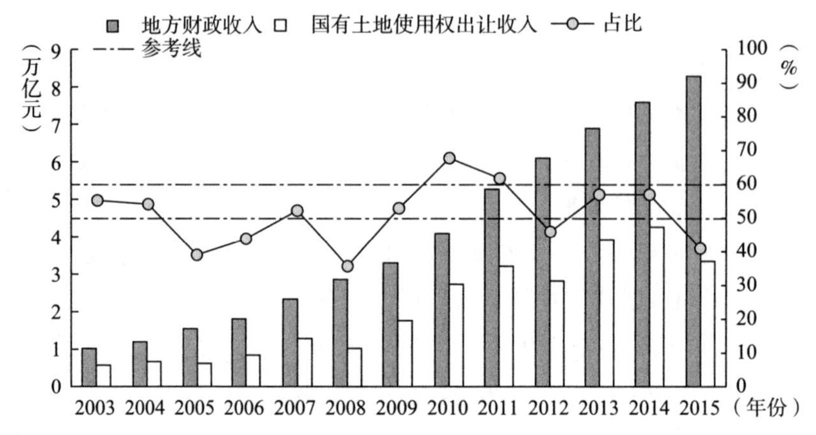

图1-3　2003～2015年地方财政收入与国有土地使用权出让收入关系

资料来源：根据黄军林（2019）绘制。

第三，城市规模的扩张也有现实性约束，城市更新正在成为驱动中国城市未来发展的新引擎。中国城市规模的扩张正在受到生态安全保护、历史文化保护、粮食安全保护等现实性政策或条件约束（吴磊等，2020）。约束条件的改变导致城市出现显著的空间差异和规划策略改变（伍灵晶等，2017）。在现实和政策约束较少的背景下，对于地方政府和企业来说城市更新政策的执行往往会受到产权问题、权属主体意愿、谈判成本、开发周期等因素的制约，在“空地”基础上接近“零成本”的城市扩张与新城开发比城市更新具有更大的驱动力（赵楠琦等，2014），此时获取Ⅰ类收益和Ⅱ类收益更理性。然而，在现实和政策形成约束“红线”（国土空间规划控制线）后，城市扩张的成本急剧增加，这时地方政府和企业将采取规划方向与实践的策略性调整，开始趋向于在城市更新政策下寻找潜在收益，此时获取Ⅲ类收益更理性（见图1-4）。

第四，城市发展具有生命周期属性，正确认识城市在发展过程中的老化和衰退现象，积极推进城市更新，可以改善城市整体状况和格局。根据

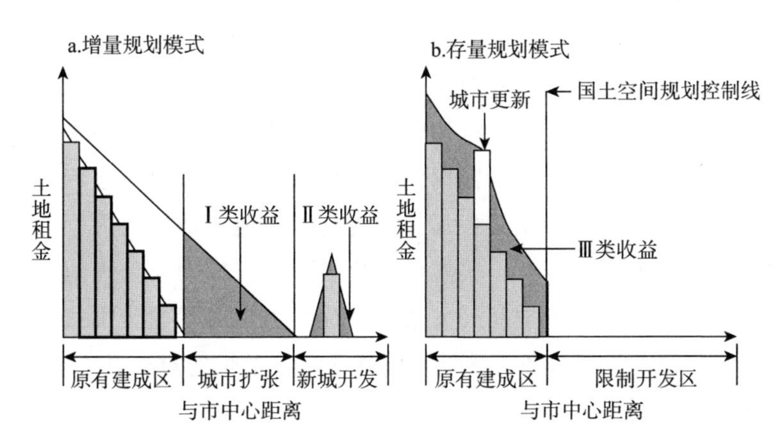

图1-4 增量规划模式与存量规划模式的竞标地租曲线示意

资料来源：改编自赵楠琦等（2014）、伍灵晶等（2017）。

城市生命周期理论，一个城市的人口聚集状况、设施完善程度、生活幸福感、经济发展程度都会伴随着时间改变，经历萌芽—产生—发展—成熟—转型等阶段（赵万民、魏晓芳，2010）。城市老化是城市生命周期中必然出现的过程，此时城市开始呈现建筑破败、人口流失、产业低迷、经济衰退的景象，在空间格局上城市老化表现为由点状老化演化为片状老化、区域老化甚至系统老化的过程（袁文华等，2020）。在城市老化的过程中，增量规划向存量规划转型的意义开始显现，通过健全与完善城市更新体系规划能够改善城市整体状况和格局。

城市化进程仍需推进且新增土地资源日渐消耗殆尽的双重背景，促使我们从城市增量发展思维向城市存量发展思维转型，进而推动整体城市规划的思路从外延式转向内涵式发展，重塑规划空间格局（周滔、李静，2014），不断寻求土地提质增效的路径（邹兵，2013；陈浩等，2015）和存量土地发展的思路（陈雨，2015），洞悉存量规划背景下城市更新单元规划的内在维度，挖掘城市更新单元规划制定的内在逻辑，这也有助于我们进一步理解在增量规划转向存量规划过程中城市更新的本质与内涵。

1.2.2 城市更新策略是存量规划的重要路径

《中共中央关于制定国民经济和社会发展第十四个五年规划和二〇三五

年远景目标的建议》第31条明确提出“实施城市更新行动”，指明了接下来我国提升城市发展质量重大决策部署的方向，明确了目标任务。在《〈中共中央关于制定国民经济和社会发展第十四个五年规划和二〇三五年远景目标的建议〉辅导读本》中，时任住房和城乡建设部部长进一步指出要深刻领会实施城市更新行动的丰富内涵和重要意义，未来要坚定不移实施城市更新行动，推动城市高质量发展，努力把城市建设成人与人、人与自然和谐共存的美丽家园。因此，实施城市更新行动，推动增量规划向存量规划思路的转型，提升城市空间开发质量，优化城市开发建设方式，精细化规划对城市居民的人本服务，满足人民群众日益增长的对美好生活的需要，具有重要而深远的意义。

在中国以增量建设用地推动城市化进程的大背景下，全国城市化水平急速上升。直到近年，中国一系列城市逐渐开始出现发展空间紧张、增量土地资源短缺的情况，城市空间拓展开始面临瓶颈性问题。以深圳市为代表，其建设用地扩张规模已濒临维持城市基本生态功能的底线，面临着建设用地“天花板”与生态保护“底线限制”的双重压力。现实情景迫使深圳转变既往增量规划的思路，实现从外延式拓展的空间发展思路转型至内涵式提升的空间发展思路，探寻新时代存量规划路径。为应对上述挑战，深圳已经在全国率先开展存量规划的探索。第一，在上位城市总体规划上，2010年，深圳率先在全国仍处于增量规划阶段的大背景下，在《深圳市城市总体规划（2010—2020)》中明确提出从“增量扩张”向“存量改造优化”转变，并提出具体策略，在城市规划领域形成了具有划时代转型意义的城市总体规划。第二，在下位规划上，在广东省于2009年8月25日率先颁布了《关于推进“三旧”改造促进节约集约用地的若干意见》（“三旧”是指旧城镇、旧厂房、旧村庄）后，深圳市在广东省“三旧”改造指引下于2009年12月公布了国内首部城市更新政府规章《深圳市城市更新办法》，后续又于2012年1月21日颁布《深圳市城市更新办法实施细则》，2016年11月12日进一步修订了《深圳市城市更新办法》，形成了相对完善的城市更新政策体系。第三，在具体管理中，深圳市规划和自然资源局下设副局级城市更新和土地整备局，组织协调全市的城市更新与土地整备工作，同时深圳下属的10个区分别下辖区级城市更新和土地整备局，在深圳市“强区放权”的工作背景下协调辖区内城市更新与土地整备工作，已经形成了相对完整的规划管理与执行体系。

需要指出的是，深圳市针对存量规划的土地政策在实践中探索出五条路径，具体包括城市更新、土地整备、棚户区改造、非农建设用地及征地返还地上市交易、农地上市交易（戴小平等，2019：35 ~ 36），但是除城市更新以外四条路径在具体执行层面皆延续着增量规划的思路，仍然表现出征地制度路径依赖特征（刘芳等，2015），因此城市更新是践行存量规划的核心政策工具。

1.3 研究问题与研究目标

1.3.1 研究问题

存量规划中城市更新规划的类型具体包括三种，分别是拆除重建、功能改变与综合整治。基于选题依据与选题背景的论述，本书更加侧重于拆除重建类城市更新规划，因为拆除重建类城市更新规划更能对应深圳市的城中村、合法外土地与违法建筑等现实场景。深圳市城市空间中广泛存在的城中村、合法外土地与违法建筑等都根源于绝大多数的村民与村集体在没有遵循政府层面制定的正式规划的情况下，直接以市场的方式甚至非正规的方式占有、加建、抢建，这些行为所产生的现象被解读为城中村、合法外土地与违法建筑的存在。

深圳市政府为了解决城中村、合法外土地与违法建筑等问题，从 20 世纪 90 年代便开始以明晰产权为指引，采取了严格打击的策略，连续出台了诸如《深圳经济特区处理历史遗留违法私房若干规定》（2001 年）、《深圳经济特区处理历史遗留生产经营性违法建筑若干规定》（2001 年）、《深圳市人民政府关于坚决制止违法用地和违法建筑行为的通告》（2004 年）、《中共深圳市委 深圳市人民政府关于坚决查处违法建筑和违法用地的决定》（2004 年）等规定。在这些政策实际执行过程中，一方面政府主体付出了巨大的社会成本，另一方面政策本身也遇到了诸多社会层面的抵触，最终的结果是城中村、合法外土地与违法建筑等占据了深圳市的“半壁江山”，而且历次违建高峰就出现在“查违”文件出台的前后。事实显示很多控制违法建筑政策的执行并没有取得预期的效果。

2009年，广东省人民政府颁布的《关于推进“三旧”改造促进节约集约用地的若干意见》（粤府〔2009〕78号）给城市更新规划带来了新的契机，广东省各地级市可以在遵循“全面探索、局部试点”原则的基础上，积极稳妥地推进“三旧”改造工作。其中，“三旧”改造的首要原则为“政府引导，市场运作”。此时，城市更新规划能够通过政府主体、企业主体与村集体主体三方沟通协调的模式达成兼容“自上而下”权威与“自下而上”约定的新合约关系，最终落实到规划方案中并嵌入既有的法定规划体系。具体的研究问题见下。

（1）存量规划背景下合约主体构建合约的过程是怎样的？将增量规划转换为存量规划的制度意义是什么？本书将以案例为支撑，通过合约的视角来分析前者，并通过合约分析的框架来探寻后者的答案。

（2）各类型的存量规划调整存在什么特征？存量规划推行过程蕴含了哪些重要影响因素？这些影响因素对存量规划的推行结果有何影响？理论探讨和案例研究对于完善存量规划管理有何政策价值？

（3）如何将存量规划经验从应对深圳个别小地块问题的“本土性”经验拓展为具有借鉴与推广价值的“普适性”经验？针对这个问题，有必要将分析城市规划时的工具应用视角转换为制度建构视角，并在制度建构视角下基于合约分析获得新的启示。

1.3.2 研究目标

本书以合约理论作为理论指引与结构框架，以深圳城市更新规划实践及“三旧”改造规划实践为案例，在合约视角下探索存量规划推行的过程以及其中的影响因素。具体而言，研究目标如下。

（1）深化对存量规划在合约制度层面的理解

以深圳市城市更新规划典型案例为研究对象，通过“解剖麻雀”的阐述方式，以合约视角分析并认识存量规划尤其是城市更新规划。

具体来说，要探寻在制定合约过程中“松－紧”与“软－硬”约束背景下，如何通过社会主体之间关系的协调解决合约的不完整性问题、在嵌入法定图则过程中如何形成具体的分配方案等。在这里，规划背景转型带来的缔结合约主体结构改变是将城市规划理解为一项合约的重要切入点。在现实场景中通过主体之间相互协调的谈判过程达成能够推行的存量规划方案，在充分协调法定合约与非法定合约交叉重叠边界的基础上，将存量规划嵌入既有城市规划体系，形成新的法定合约。通过对典型案例的解读，从合约视角理解城市更新规划的内在逻辑，提炼案例背后的制度逻辑与制度机制。

（2）构建合约视角下存量规划的理论分析框架

一方面，遵循合约理论的传统路径，梳理法学、经济学、政治学、社会学等学科关于合约理论在不同层面上的研究成果和理论推进状况。挖掘适用于存量规划分析的理论要点，为构建存量规划的合约分析框架（合约视角下存量规划的理论分析框架）提供理论渊源与基础。另一方面，充分吸收关于合约理论在城市规划领域的新近研究发现，积极借鉴城市规划领域以深圳市为研究对象日渐成体系的合约分析成果，比如城市规划中的合约分析方法，合约视角下控制性详细规划调整研究、产业遗存再利用研究、产业用地到期治理研究等的成果。最终构建出适合于存量规划尤其是城市更新规划分析的合约分析框架，为案例研究提供理论支撑工具。

（3）通过理论分析框架与经验研究的校验，进一步丰富理论分析框架

在深化对城市更新规划在合约制度层面的理解与构建合约视角下存量规划理论分析框架的基础上，本书希望通过经验研究进一步丰富理论分析框架。我们认为，基于经验研究尤其是针对案例的提炼总结实际上是归纳法的认知过程。相反，基于理论模型理想范式，包括理论分析框架的推演实际上是演绎法的认知过程，归纳与演绎是认知事物与事件的两条路径。需要指出的是，演绎法对于初始前提的真实性和确实性缺乏关注，而对于初始陈述的信赖往往需要由归纳法来建立（Harvey，1969：32－43）。正是由于理论分析框架和经验研究对事物与事件认知路径不同，因此理论分析框架与经验研究的校验往往能够促使双方各自路径更加丰富与完备，并进一步推动理论分析框架发展。

（4）为存量规划实践发展提供政策建议

在城市规划的现实议题中，存量规划特别是城市更新规划一方面在规划体系中的重要性日益凸显，另一方面也面临诸多现实性问题与潜在性问题。在此背景下，我们试图以合约理论为切入点，结合研究案例梳理与理论分析，在研究的最终环节回答制度层次的问题并提供具有建设意义的方案，比如完善管理体系、探寻创新机制、分类提出对应策略等。本书将通

过理论分析和案例研究寻找问题症结，以深圳为研究对象为其存量规划提供有益的政策建议。

1.4 研究意义

1.4.1 理论意义

（1）以合约为制度研究切入点，拓展城市更新规划“实然”研究路径

通过对城市规划学界与业界研究进展的概述，我们认为当下城市更新研究主要聚焦在经验借鉴、政策实践和体制机制上，同时在政策执行层面也取得了巨大进步。截至 2018 年 12 月，深圳市已列入城市更新计划项目合计 746 项，已批准城市更新规划项目 447 项，规划批准开发建设用地达 33.67 平方千米；签订土地使用权出让合同累计 604 项，供应用地面积累计约 17.03 平方千米，合同约定的建筑面积累计 6361 万平方米，已建成累计约 3055 万平方米（深圳市城市更新局，2019）。2020 年 4 ~ 10 月，深圳市“三旧”改造项目数量达到 541 个，项目新增面积达到 444.04 万平方米（祝桂峰、谭宏伟，2020），基本确立了能够保障存量规划实现与落地的路径。然而我们认为经验借鉴层面的讨论、工具性政策层面的应用与体制机制运行层面的政策框架仍然属于规划现实议题背景下解决规划如何推进问题的应然性政策方案，未来为进一步在制度层面提升对于城市更新规划的认识，加强对于深圳城市更新“本土化/在地化”实践的凝练，需要进一步挖掘城市更新规划在制度层面的实然性价值（刘世定、李贵才，2019）。

（2）认识城市规划在存量规划时代的制度意义

以制度视角来看待城市规划并研究城市规划具有重要的理论意义，正如芒福德所言，“人们花了 5000 多年的时间，方才认识到城市的本质与城市演变的局部过程，未来我们仍需更长的时间去认识其他潜在性议题”（Mumford，1961：3 -4）。城市制度是城市发展内在的“隐秩序”，是值得在未来深入挖掘的内容（赵燕菁，2009）。在制度的研究范式下，基于合约视角可以得到窥探不同组织/企业活动的一种速写式描述，合约形式也往往被用于研究使用权与收益权置换的过程（张五常，2003：139 ~ 144），同样，合约视角作为一个独特的理论视角，也可以将城市规划的制度性层面纳入研究范畴中。

1.4.2 现实意义

（1）提升存量规划背景下城市空间治理水平

伴随着中国改革开放中经济与社会突飞猛进的发展，中国诸多城市在增量规划的发展主义与增长主义理念下迅速演进并高速发展，取得了举世瞩目的成就（陆铭，2016）。需要指出的是，我们既有的成熟规划体系都建立在以增量规划思路为指引的城市规划上，相反整体上对于存量规划的实践仍然处于探索发展阶段，针对存量规划方案的经验积累与理论构建亟待开展。因此，面向城市未来发展的新阶段，如何在“创新、协调、绿色、开放、共享”的发展理念下，在存量建设用地供应量超过新增建设用地供应量的现实背景下（国土资源部信息中心调研组，2016），让存量规划尤其是城市更新形成城市发展的新引擎，是亟待面对并解决的现实议题。在这里以城市更新规划走得较前的深圳为研究对象，“抓好”这个“典型”，“深耕”这片“试验田”，通过积累存量规划时代城市更新的政策经验，一方面有望优化深圳的城市更新路径，另一方面也有望通过深圳经验提升存量规划背景下城市空间治理整体水平。

（2）探寻存量规划与法定规划的兼容路径

深圳市的城市更新政策虽然取得了重要成果，但也有亟待解决的问题。目前深圳市城市更新政策仍然有很大一部分处于实验主义治理策略阶段，有待进一步完善、推进与发展。在城市更新规划的执行过程中不排除个别案例仍然存在“特事特办”的情形，同时城市更新规划的实施结果中也存在点状突破法定图则与局部高强度开发的情况，导致城市空间资源错配、激励不相容而倒逼规划管理、城市基础设施压力加大（林强，2017），甚至进一步加剧居住空间分异与社会分异（张京祥等，2011）。面对成就与问题并举的现状，我们更需要寻找到进一步优化存量规划嵌入法定规划体系方式的方案。基于合约的制度视角建立框架，通过对成功案例的经验提取以及对存在问题案例的经验反思，厘清存量规划在嵌入法定规划体系过程中遇到的问题，最终提供具有系统性、完整性、预见性的政策建议，进一步保障存量规划的发展与实施。

（3）契合新时代城市与区域发展目标

存量规划的实施反映了新时代背景下合约目标的转型。从新型城市化道路的提出到社会主要矛盾的转变，新时代的城市与区域发展策略开始由以工业化为引领或以城市土地扩张为引领的“空间效率导向型”策略（周飞舟等，2018；田莉，2013）转变为“空间公平/正义导向型”策略，强调在整个社会层面要树立并追求更为多元化的目标。2019 年，中国城市化水平突破 60%，意味着城市化进入中后期，进入消化既有社会矛盾的重要窗口期（王凯等，2020），城市规划整体面临着从“寻找区域发展增量的因素”向“分析区域分异存量的因素”转变的局面。2012 年，中国共产党第十八次全国代表大会正式提出走中国特色新型城镇化道路，确立以人为本、规模和质量并重的发展方向，到 2017 年，中国共产党第十九次全国代表大会正式提出中国特色社会主义进入新时代，中国社会主要矛盾已经转化为人民日益增长的美好生活需要和不平衡不充分的发展之间的矛盾。新时代的城市发展与城市规划目标需要由以工业化或城市土地扩张为引领的“空间效率导向型”规划目标转变为“空间公平/正义导向型”规划目标，存量规划能够在一定程度上通过改善区域不平衡状况促进社会发展。

1.5 研究对象

本书选择深圳作为存量规划研究的案例，一方面是因为深圳市的新增建设用地获取进入瓶颈期，未来存量规划势必占据城市规划中愈发重要的地位；另一方面是因为深圳市已经率先在存量规划领域完成了一系列探索与实践，诸多案例能够形成支撑本书深入探讨的经验素材。

深圳市的空间范围在 22°24′N ~ 22°52′N 和 113°43′E ~ 114°8′E。深圳是 20 世纪 90 年代和 21 世纪前 10 年全球增量规划指引下发展最快的城市之一。深圳位于广东省南部，毗邻国际城市香港。过去 30 年来，深圳逐渐从边境乡镇发展成为现代大都市。2017 年，深圳市的城市建设用地占城市总面积比例高达 49.72%（国家统计局城市社会经济调查司，2018：38），是中国内地城市建设用地占比最高的城市；根据 2012 年公布的《深圳市土地利用总体规划（2006—2020 年）》，到 2020 年，建设用地的比例在市域范围内需要严格控制在 50% 以内，新增建设用地占用农用地和其他土地不能超过 137 平方千米，建设用地总规模必须控制在 976 平方千米以内（深圳市人民政府，2012）（见表1-4）。截至2018年底，深圳市建设用地总规模已达939.51平方千米（中华人民共和国住房和城乡建设部，2019），建设用地面积增长濒临极限，属于土地城市化高度饱和地区。

表1-4 《深圳市土地利用总体规划（2006—2020年）》土地利用主要调控指标

单位：平方千米

指标名称	指标性质	2005年指标	2020年规划指标
耕地保有量	约束性	45.30	42.88
基本农田面积	约束性	20	20
城乡建设用地规模	约束性	690.14	837
建设占用耕地规模	约束性	—	11.64
补充耕地义务量	约束性	—	11.64
建设用地总规模	预期性	839.42	976

根据深圳市城市更新和土地整备局关于城市更新项目的台账统计，2005~2018年，深圳市签订城市更新项目合同403项，对应拆迁用地面积1633.02万平方米。2014~2018年这5年，深圳市签订城市更新项目合同的城市更新项目共计275个，各区中签订合同项目数量前三名分别是龙岗区（64个）、宝安区（53个）、罗湖区（36个）。各个区签订城市更新项目合同的城市更新项目数量总体呈现动态增长趋势，如图1-5所示。

2014~2018年这5年，深圳市签订城市更新项目合同的城市更新拆迁用地面积共计1031.11万平方米，各区中面积前三名分别是龙岗区（330.74万平方米）、宝安区（205.17万平方米）、龙华区（142.26万平方米）。从深圳市整体层面来讲，关外地区城市更新拆迁用地面积占据绝对多数，比重达到77.97%，如图1-6所示。

2019年《深圳市城市更新“十三五”规划中期调整》确定的目标是：在2016~2020年完成各类更新用地规模30平方千米，其中，拆除重建类更新用地规模为12.5平方千米，非拆除重建类（综合整治、功能改变等）更新用地规模为17.5平方千米；通过城市更新减少违法建筑存量1000万~1200万平方米；通过拆除重建类更新供给建筑面积约4600万平方米。

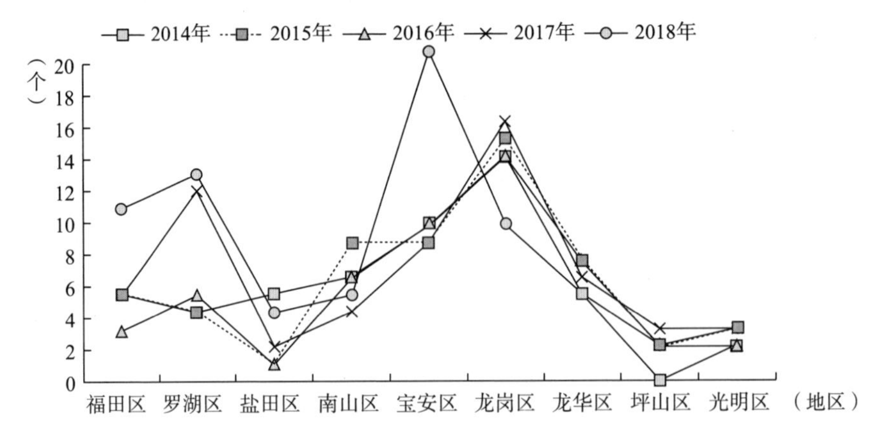

图 1-5　2014~2018 年深圳市各区签订城市更新项目合同的城市更新项目数量

说明：表中龙岗区数据包含大鹏新区数据。表 1-6 与此相同。

资料来源：根据深圳市城市更新和土地整备局城市更新项目台账绘制。

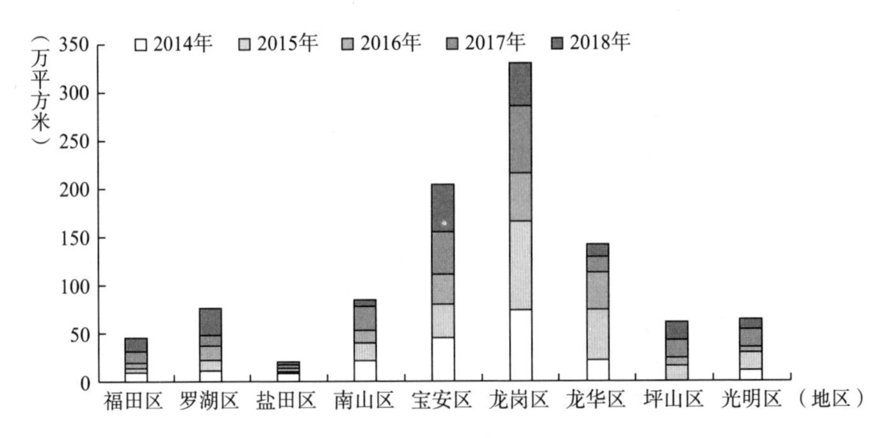

图 1-6　2014~2018 年深圳市各区签订城市更新项目合同的城市更新拆迁用地面积

资料来源：根据深圳市城市更新和土地整备局城市更新项目台账绘制。

1.6　研究思路

1.6.1　研究方法

本书的基础是笔者通过在深圳市规划和自然资源局南山管理局与深圳市南山规划国土发展研究中心实习（2020 年 12 月至 2021 年 1 月），获取的大冲村、沙河五村、大沙河创新走廊与南头古城的相关资料。

（1）资料分析法

资料分析法是最主要的研究方法。笔者在实习期间，广泛收集存量规划中涉及城市更新规划的成果，比如存量规划项目的行政摘要、规划研究报告、汇报方案、附图等，同时也对与案例相关的政策文件、研究报告、会议纪要、年度台账、往来公文等资料进行了记录。在获取这些原始资料的基础上，又进一步分类资料和提取资料，形成了案例研究最基础的信息源。

资料分析法覆盖了本书所涉及的全部案例，所用资料具体包括每个案例空间范围内的法定图则，具体项目的行政摘要、规划研究报告、附图、地块控制统计结果、汇报演示系统以及附属的专题报告，比如关于交通评估专题、市政评估专题、城市设计专题、物理环境专题、低碳生态专题、历史文化风貌专题等的报告。

（2）参与观察法

观察是获取社会信息的重要手段，知识常常来自对周围事件相似性和重现性的观测，所有科学发现都离不开对具体事物的大量观测（袁方，1997：358）。笔者在实习期间具体参与城市更新规划项目档案整理，同时也通过参与行政会议与沟通会议等方式，对存量规划管理进行了深入观察。比如，在实习期间参与观察了南山区马家龙工业区协诚地块城市更新项目、南山区粤海街道翰宇生物医药园城市更新项目、南山区田厦南新路西片区城市更新项目等。

需要指出的是，在研究过程中使用参与观察法的目的并不是完整地对应到所选取的案例中的，而是通过参与实习单位目前正在推进的存量规划项目，理解政府主体管理与审核的过程和方式，这有助于熟悉政府主体行为和逻辑。

（3）访谈法

访谈法在本书中扮演着补充性方法的角色。访谈法是通过社会互动过程获取资料的方法，甚至是进一步校验既有信息的有效路径，与其他研究方法结合使用时往往能够获得事半功倍的成效。在案例收集的过程中，需要经常以正式或非正式的方式，向处室领导、同事和相关部门的领导、研究人员请教问题，这些内容主要以融入案例描述的方式丰富案例细节。

本书选取的部分案例所对应的项目在研究开展时仍在实施过程中，我们认为对于这类项目不仅需要资料分析和参与观察，还需要进一步通过访谈法深入了解其实施具体过程以及这一过程中的事件。因此，笔者也通过与政府主体之外的企业主体面对面沟通的方式，进一步深化了对案例中多元社会主体互动过程的了解，丰富了研究案例的细节。比如，南头古城案例在研究开展期间仍处于实施过程中，因此笔者专程在 2021 年 1 月 8 日到南头古城对 WK 公司驻点工作人员就项目开展情况和最新进展进行访谈。访谈法对于深入了解城市更新的规划背景、情景、过程等具体细节至关重要。

1.6.2 技术路线

本书开展研究的技术路线见图 1－7。

1.6.3 章节安排

本书由四部分构成。第一部分为绪论、相关研究进展和存量规划的合约分析框架，具体涉及第 1 章、第 2 章与第 3 章。首先将城市规划理解为合约缔结过程，使用合约视角分析城市规划的合理性、可行性与意义，指出在增量规划向存量规划转型的过程中使用合约理论的适宜性与必要性，同时也根据存量规划制定与实施的实际场景确定了使用社会学路径下的合约理论；其次系统回顾了中外学界对于存量规划中城市更新的研究的进展，具体分为历史演进研究综述、政策实践研究综述与体制机制研究综述，系统回顾了合约理论的演进与发展，完整覆盖了从古典到现代的多学科更新过程；最后以制度约束层面的缔约背景、系统组织层面的路径策略、模式层面的关系－要素－结果分析为维度，搭建了存量规划的合约分析框架。第二部分为存量规划的典型案例分析，具体涉及第 4 章、第 5 章、第 6 章与第 7 章。考虑到案例的典型性与可获取性，本书将既有的城市更新案例基于制度约束层面的缔约背景分为四大类，包括“紧－软”约束下的大冲案例、“松－软”约束下的沙河案例、“松－硬”约束下的大沙河案例、“紧－硬”与“松－软”二元性约束下的南头古城案例。第三部分是根据既有研究与实践案例分析存量规划实施的影响因素，同时基于既有研究、实践进展以及前文研究分析对存量规划背景下的城市更新提出具体的政策建议，具体涉及第 8 章与第 9 章。第四部分是基于以上三个部分得出的结论以及对于未来研究的展望，具体是第 10 章。根据以上内容安排，本书包括以下 10 个章节。

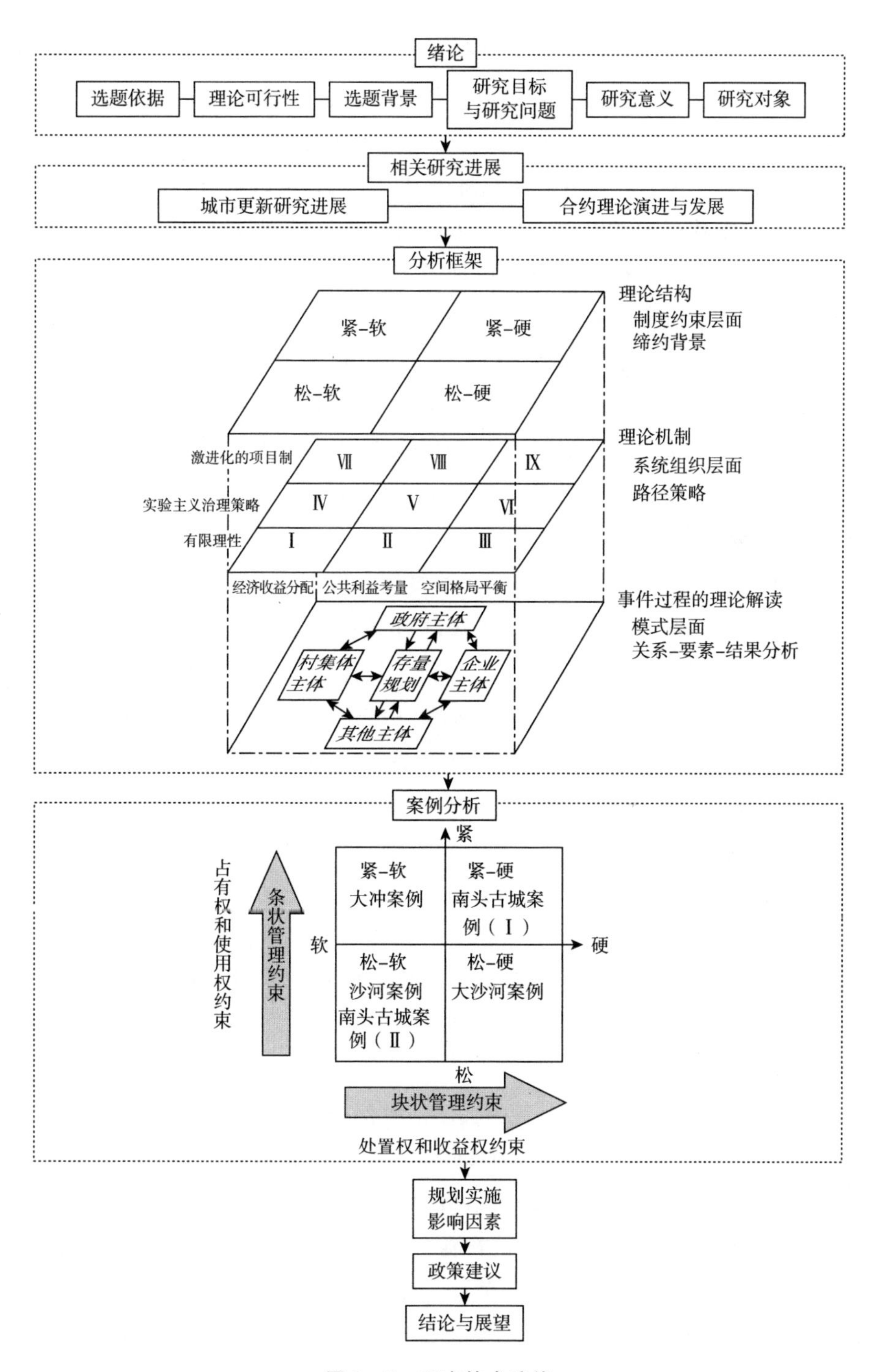
绪论
选题依据
理论可行性
选题背景
研究目标
与研究问题
研究意义
研究对象
相关研究进展
城市更新研究进展
合约理论演进与发展
分析框架
紧-软
紧-硬
松-软
松-硬
理论结构
制度约束层面
缔约背景
理论机制
系统组织层面
路径策略
激进化的项目制
实验主义治理策略
有限理性
Ⅶ
Ⅷ
Ⅸ
Ⅳ
Ⅴ
Ⅵ
Ⅰ
Ⅱ
Ⅲ
经济收益分配
公共利益考量
空间格局平衡
事件过程的理论解读
模式层面
关系-要素-结果分析
政府主体
村集体主体
存量规划
企业主体
其他主体
案例分析
紧
软
硬
松
紧-软
大冲案例
紧-硬
南头古城案例（Ⅰ）
松-软
沙河案例
南头古城案例（Ⅱ）
松-硬
大沙河案例
占有权和使用权约束
条状管理约束
块状管理约束
处置权和收益权约束
规划实施影响因素
政策建议
结论与展望

图 1－7　研究技术路线

第 1 章：绪论。此章主要介绍本书的研究依据、研究背景、研究问题与研究目标、研究意义、研究对象以及研究思路。此章的阐述旨在说明开展主题相关研究的必要性与合理性，并确立开展研究的整体性思路。

第 2 章：相关研究进展。此章将研究内容与研究理论分为两个部分分开论述，具体涉及存量规划中的城市更新研究进展综述以及合约理论演进与发展综述。此章的阐述旨在系统梳理既有经验研究与理论研究进展，并侧面印证开展本书研究的必要性与适宜性。

第 3 章：存量规划的合约分析框架。基于既有合约理论基础与现实案例对存量规划进行合约分析框架建构。结合第 2 章中“以合约视角分析存量规划的可行性”部分，尝试从合约制度约束层面的缔约背景、系统组织层面的路径策略、模式层面的关系 - 要素 - 结果分析等方面入手搭建框架。此章的阐述旨在确定全书理论框架。

第 4 章：“紧 - 软”约束下的大冲案例分析。一方面初步概括总结相关类型案例的基本情况，另一方面以 2011 年编制完成的《深圳市南山区大冲村改造专项规划》为案例进行深度分析，具体涉及前期规划与背景、缔约背景改变、路径策略调整、关系 - 要素 - 结果分析。此章旨在通过案例认识“紧 - 软”约束下大冲案例的约束属性、合约不完整性属性、合约的内容与结构等。

第 5 章：“松 - 软”约束下的沙河案例分析。一方面初步概括总结相关类型案例的基本情况，另一方面以 2016 年编制完成的《南山区沙河街道沙河五村城市更新单元规划》为案例进行深度分析，具体涉及前期规划与背景、缔约背景改变、路径策略调整、关系 - 要素 - 结果分析。此章旨在通过案例认识“松 - 软”约束下沙河案例的约束属性、合约不完整性属性、合约的内容与结构等。

第 6 章：“松 - 硬”约束下的大沙河案例分析。一方面初步概括总结相关类型案例的基本情况，另一方面以 2010 年开始编制的《深圳市大沙河创新走廊规划研究》和 2011 年开始编制的《大沙河创新走廊规划重点更新片区城市更新专项规划》为案例进行深度分析，具体涉及前期规划与背景、缔约背景改变、路径策略调整、关系 - 要素 - 结果分析。此章旨在通过案例认识“松 - 硬”约束下大沙河案例的约束属性、合约不完整性属性、合约的内容与结构等。

第 7 章：“紧 – 硬”与“松 – 软”二元性约束下的南头古城案例分析。一方面初步概括总结相关类型案例的基本情况，另一方面以目前仍在推进的南头古城地区兼顾历史文化保护以及城中村改造的存量规划方案为案例进行深度分析，具体涉及前期规划与背景、缔约背景的二元性、路径策略调整、关系 – 要素 – 结果分析。此章旨在通过案例认识“紧 – 硬”与“松 – 软”二元性约束下南头古城案例的约束属性、合约不完整性属性、合约的内容与结构等。

第 8 章：存量规划实施的影响因素。基于实施存量规划的必要性与紧迫性、缔结存量规划合约过程中主体互动的顺畅程度、合约结构中社会主体的数量与关系的复杂程度、存量规划与上位存量规划的衔接程度、存量规划制定成本与实施成本的平衡等分析存量规划实施的影响因素。此章的讨论旨在总结与梳理影响存量规划制定与执行的因素。

第 9 章：存量规划背景下城市更新的政策建议。基于前文的经验研究与理论研究，从修复规划不完整性问题、构建规划管理体系、探索存量规划路径入手，为深圳市未来的存量规划或者城市更新规划提供政策建议。此章的讨论旨在为存量规划制定、执行、推广提供决策参考。

第 10 章：结论与展望。系统归纳和整理本书的经验分析与理论运用，并提炼创新点，最后展望有待进一步探讨的问题。此章的说明旨在总结本书的贡献，并提出对后续研究的构想。

第2章

相关研究进展

2.1 存量规划中城市更新研究进展

城市更新是城市与城市化发展到特定阶段必然面对的现实性诉求，如果将城市扩张视为城市化进程前半场的主要活动，那么城市更新无疑是城市化后半场必须面对的重要议题。根据西方的城市更新经验，城市化水平提升至城市化中期阶段对应水平后，整体社会将面对系统的城市更新议题。表2－1显示了西方在城市化水平不同时采取的不同的城市更新代表性政策。我国目前已经全面进入城市化中后期阶段，这需要我们进一步加快有关城市更新的系统性研究。

表2－1 西方城市更新代表性法案/政策及其对应城市化水平

单位：%

阶段	国家/组织	代表性法案/政策	城市化水平
第一阶段	英国	《格林伍德住宅法》(1930年)	78.1 (1931年)
	美国	《住房法》(1949年)	59.0 (1950年)
第二阶段	英国	《地方政府补助法案》(1969年)	77.26
	美国	《现代城市计划》(1965年)	71.88

续表

阶段	国家/组织	代表性法案/政策	城市化水平
第二阶段	加拿大	《邻里促进计划》(1973 年)	75.85
	法国	《邻里社会发展计划》(1981 年)	73.35
第三阶段	英国	《地方政府规划和土地法》(1980 年)	78.48
	美国	税收奖励措施 (1980 年)	73.74
第四阶段	英国	《城市挑战计划》(1991 年)	78.11
	欧盟	结构基金 (1999 年)	71.44

资料来源：根据董玛力等（2009）、中国科学院经济研究所世界经济研究室（1962）绘制。

目前学界对城市更新的系统研究一方面基于国际城市更新发展趋势展开探讨，同时启发我们未来通过城市更新来推进中国城市的持续、健康与和谐发展（阳建强，2018）；另一方面回应我国城市规划开始进入以质量提升为主的转型发展新阶段的局面，并提供具体的策略与机制建议。这些研究具体包括历史演进研究、政策实践研究以及体制机制研究。在这里，历史演进研究主要以西方城市更新的历史为切入点，深入剖析西方城市更新的时代背景与节点性案例，目的是以史为鉴、启迪当下，属于经验借鉴层面的讨论；政策实践研究主要以城市更新的现实性需求为出发点，操作手段是划定亟待推进存量规划的试点或试验区，以先行先试的路径探索建立城市更新政策与规划体系，属于工具性政策层面的讨论；体制机制研究往往是在对城市更新有了初步认识后，进一步将城市更新议题由经验介绍式描述与政策应用式认识提升至体制运作与机制运行的政策框架工作层次。

2.1.1 城市更新的历史演进研究

近代城市更新是城市发展到特定阶段的再开发过程，属于城市发展过程中的机制调节，率先发生在工业发展相对成熟、城市化水平较高的国家及地区。随着经济社会的复兴或衰退，其因应不同动因机制、开发模式、权力关系，形成不同的更新效果，具有动态变化的特征（严若谷等，2011）。大体上说，形成了由推倒重建式更新、邻里修复式更新到城市空间再开发式更新的演进，最终走向社区综合复兴（张京祥、陈浩，2012；

董玛力等，2009），历次演进发展都建立在反思前一阶段问题的基础上。20 世纪 30 年代，西方世界以凯恩斯国家干预主义与形体规划思想为城市规划理念，通过进行对贫民窟的大规模清理和推土机式的市区推倒重建，造就理想性美丽城市，同时增加住宅，实现了城市问题的空间转移。这种做法虽然有所成就，但导致了社会区隔与社会分异，使得城市社区机能持续遭受破坏（芒福德，1989：411）。60 年代，西方世界迎来了战后黄金发展期，社会民主运动、社会民权运动与城市贫困、城市问题并行发展和出现，西方政府尽可能地通过增加社会服务、提高服务质量来改善居民区的居住条件与社会环境。尽管该阶段在积极面对城市问题过程中形成了诸多有益探索，但一系列措施也导致城市更新的资本压力过分地集中于地方政府。伴随着全球经济的下行和产业转型，资本主义国家的国家福利主义政策式微，地方政府主导的城市更新开始出现愈发严重的财政危机（Murray，1984：134－178）。70 年代，西方世界新自由主义兴起，城市更新模式开始由地方政府财政支撑转为私人开发主导，城市更新的内驱力也逐渐转向商业化与市场化。需要指出的是，在这一阶段虽然城市更新取得了巨大的商业成就，但后期在资本运营模式方面却产生了一系列社会问题，如城市更新的绅士化（Bourne，1993；Atkinson，2004）、居民社会网络解组（Steinberg，1996）。伴随着人们对新自由主义政策涓滴效应的质疑，有关城市规划的公平与正义反思迅速兴起，对城市价值多样性观点的关注迅速增加（Jacobus，1961）。90 年代，西方世界人本主义与可持续发展思想深入城市规划的实践，社会、经济、环境等多维度综合性城市治理与公众参与逐渐被纳入城市更新实践中，并逐渐成为指导性思想（见表 2－2）。在该背景下，城市更新理念进一步转向历史街区保护、社会肌理保持、邻里关系等新议题。

由于城市更新的实践性较强，其在演进过程中也获得一系列适用于不同国家地区及特定阶段的称谓，具体包括城市重建、城市复苏、城市更新、城市再开发、城市再生等（阳建强，2012：23），但核心都是运用规划单一或复合手段改善城市土地利用形态或区域环境，不断满足人们对生活环境质量与品质提升的需求（李德华，2001：558）。

表 2-2 西方城市更新的发展历程

	20 世纪 30 年代	20 世纪 60 年代	20 世纪 70 年代	20 世纪 90 年代
时代背景	凯恩斯国家干预主义、形体规划思想	战后黄金发展期	新自由主义	人本主义、可持续发展思想
实施特点	贫民窟大规模清理，市区推土机式推倒重建	国家福利主义式更新	房地产开发式更新	社会、经济、环境等多维度综合性城市治理，公众参与
实施主体	政府	政府	企业与政府	政府、企业与社区
主要称谓	城市重建（urban reconstruction）	城市复苏（urban revitalization）	城市更新（urban renewal）、城市再开发（urban redevelopment）	城市再生（urban regeneration）
成就	居住环境与质量改善	居住福利提升	商业成就、旗舰性地标	社区营造、历史文化传承
问题	社会区隔与分异，城市社区机能被破坏	地方政府财政负担过重	城市更新绅士化，居民社会网络解组，历史与保护价值、公平与正义的忽视	—
反思性思想	雅各布斯（1961 年）：反对大规模改建，提倡小规模改造和城市多样性 芒福德（1961 年）：反对巴洛克式城市改造计划，提出城市规划的“人的尺度”	舒马赫（1973 年）：提倡“以人为尺度的生产方式”和“适宜技术”	亚历山大（1975 年）：对历史保护区的严格控制 罗和凯特（1975 年）：城市“有机拼贴” 巴奈特（1978 年）：城市规划是一项公共政策，规划需要谈判与妥协	—

资料来源：根据 Roberts 和 Sykes（2000：14）、李其荣（2000：230~242）、阳建强（2012：23~24）整理。

2.1.2 城市更新的政策实践研究

城市更新解决的问题是针对低维尺度城市空间更新与修复的，因此以解决问题意识为导向逐渐形成了一系列空间性治理手段及政策。

第一，城市更新工作在历史演进过程中发生从个案深度挖掘到城市空间治理多维度统筹推进的变迁。1984 年公布的《城市规划条例》明确指出旧城区的改建有必要遵守加强维护、合理利用、适当调整、逐步改造的原则，在法理上为城市更新工作奠定了执行基础。这一年 12 月，城乡建设环境保护部召开了全国首次旧城改建经验交流会，提出了探索城市老旧空间初步思路。1990年开始实施的《中华人民共和国城市规划法》进一步深化了1984年《城市规划条例》的要求，提出了统一规划、分期实施、逐步改善居住和交通条件、加强基础设施和公共设施建设、提高城市综合功能等要求。20世纪80年代，吴良镛以居住区为规划单元，针对北京旧城居住区提出了“有机更新论”，将城市空间视为动态有机体，通过规划城市的当前与未来发展，维持城市特定空间的可持续性发展（吴良镛，1989；吴良镛，1991），并且在该理论与理念指引下推进了北京菊儿胡同住房改造工程。90年代，阳建强等学者通过对城市更新提出目标、发展、程序、方式、策略“五维度”要求，提出系统更新理论，强调城市更新目标应建立在城市整体功能结构综合协调基础上，城市更新规划应从传统的单一形体规划走向综合系统规划，城市更新工作程序应从封闭走向开放，城市更新方式应从突发式转向渐进式，城市更新策略应从零星走向整体（阳建强、吴明伟，1999：145～147），同时也指导了南京中心地区、泉州古城以及苏州观前玄妙观等地区的城市更新规划制定。

第二，城市更新工作在适应性发展过程中逐渐具备了更充分的可操作性。2015年，中央城市工作会议明确指出要“加强城市设计，提倡城市修补”。2015年，住房和城乡建设部提出了“城市双修”，“城市双修”开始成为推进城市病治理和城市发展方式转变的重要抓手与推动供给侧结构性改革的重要任务（林培，2017）。未来，城市设计和“城市双修”在城市规划中将具备更加重要的指引作用（王建国等，2018）。在此背景下，城市更新的研究价值进一步凸显，同时相关研究也开始呈现向公共政策领域演进的趋向。首先，城市更新的对象得到了进一步明确并实现了拓展，以“三旧”为基础的多元改造对象被系统地纳入；其次，围绕城市更新经济利益分配原则与分配方案逐渐形成稳定机制。以容积率为例，深圳市基于2004年《深圳市城中村（旧村）改造暂行规定》的2005年《关于深圳市城中村（旧村）改造暂行规定的实施意见》提出的“拆建比”决定开发容积率；2009年，进一步根据《深圳市法定图则编制容积率确定技术指引（试行）》中的“密度分区”修正开发容积率；再到2015年，参考《深圳市城市更新单元规划容积率审查技术指引（试行）》提出的复合建筑面积与复合容积率测算标准进行容积率测算；最后到2019年，进一步根据《关于施行〈深圳市城市规划标准与准则〉中密度分区与容积率章节修订条款的通知》将密度分区思路与复合建筑面积、复合容积率融合并修正具体系数，基本确立了城市更新收益规范化原则（司马晓等，2019：260～263）。同时，也逐渐摸索出所有权主体与开发主体“自下而上”表达城市更新发展诉求路径（吴凯晴，2017），构建出利益协调、疏导与传导机制（张晓芾等，2017）与化解潜在空间冲突的体制机制（刘铭秋，2017）。

第三，城市更新工作逐渐具备计划性、体系性与完备性。针对既有城市更新计划立项缺乏宏观指导、上层次专项规划管控力度不足的问题（吕晓蓓、赵若焱，2009；吕晓蓓，2011），逐渐构建出“城市更新五年规划—城市更新专项规划—城市更新单元规划—项目实施计划”的规划与计划体系，同时也开始对在城中村开展社区规划等进行有益探索（司马晓等，2020），并在城市更新规划中强化对突出问题如交通、产业、历史文化保护等的专题研究（田宗星、李贵才，2018；郜昂等，2017；陈敏，2008）。

第四，城市更新工作更重视权利主体的收益协调工作。结合增量规划时代积累的规划执行经验，权利主体的收益协调工作已经成为城市更新工作的核心内容（侯丽，2013），以“开门规划”为工作方式（黄卫东，2017），通过“自下而上”的参与式、协商式城市更新，促进社区、原权利人和市场主体在城市更新和城市规划管理中提升自治和参与决策能力（秦波、苗芬芬，2015），增强市民在城市更新领域的参与能力和参与意识。在构建多元参与机制方面，构建多方参与平台和协商博弈机制，联合行政机构、专家学者、相关部门和单位及民众，对城市更新进行广泛的讨论和沟通（彭建东，2014）。

第五，城市更新工作不断适应存量规划时代诉求。城市更新规划在推行过程中，往往需要综合思考城市规划、产权处置、土地分配、利益协调、行为关系、历史文化保护、体制机制等多个方面的内容，从空间公平与空间正义的视角审视区域发展均衡性，开展城市更新区域性统筹研究（王琪，2015；刘荷蕾等，2020）。未来，在更大区域尺度层面，城市更新工作也需要积极学习国际相关经验，加快推进城市更新机构体系化建设，提高城市更新组织行政层级，建立多专业融合的独立行政部门（刘贵文等，2017），推动城市更新工作常态化运行。

从整体上看，早期有关城市更新的研究已经取得了初步成效，但是伴随着越来越复杂和多元的现实性议题，深圳城市更新研究需要进一步推进并发展。根据城市发展和品质提升的需求，深入探索社会、经济、文化持续发展的路径，深圳的城市更新研究已经融入存量时代城市治理的大格局。需要指出的是，尽管目前诸多城市将城市更新作为解决问题的操作方案的做法产生了实用主义效力，但是这也为城市更新工作带来越来越模糊、混杂和难以进行制度改进的碎片化遗患（张京祥、陈浩，2014）。

政策实践研究主要以城市更新的现实性需求为出发点，操作手段是划定亟待推进存量规划的试点或试验区，以先行先试的路径探索建立城市更新政策与规划体系，目前具有代表性的地域与路径包括：以北京为代表的突出历史文化保护、大力推动棚户区和城中村改造，以上海为代表的聚焦公共要素短板进行优化完善，以杭州为代表的推行“城市双修”、推进城市有机更新，以及以珠三角地区为代表的以“三旧”改造为契机构建存量开发制度（司马晓等，2019：90～96）。

2.1.3 城市更新规划的体制机制研究

深圳市城市规划的编制体系发展历程大体可以概括为四个阶段。一是成立经济特区时的起步发展阶段，二是学习香港规划体系阶段（王富海，2000），三是以法定图则为核心（薛峰、周劲，1999；王富海、李贵才，2000）建立“三层次五阶段”编制体系的阶段（司马晓等，1998；李百浩、王玮，2007），四是当下及未来在存量规划背景下以“三层次五阶段”编制体系为基础性框架，针对城市更新议题推进城市更新规划以及针对部分土地整备议题推进土地整备与留用地规划的阶段（戴小平等，2019：31～35）。在这里，制定城市更新规划是推动实施对应存量规划的主要手段。目前，深圳城市更新规划已经从总体规划到详细规划建立起多层次相对完善的技术体系架构，并且与既有法定规划体系形成了良好的衔接和互补，有效地推进了规划内容的实施落地。

2008 年，深圳市以华强北片区（也称为上步片区）城市更新为契机，探索了城市更新规划的编制机制，确立了城市更新片区与城市更新单元双层级实施机制（黄卫东、张玉娴，2010），同时也探索出兼顾收益与分配的“三类属性评价”与“二次交融取值”机制（王嘉、郭立德，2010），初步奠定了日后深圳市复合容积率计算体系的基础。在管理层面，深圳市政府层面也开始积极探索存量规划新体制。第一，针对存量用地的空间范围，2009 年发布了《深圳市城市更新办法》，确定了以城市更新单元规划为核心的存量规划制度。城市更新区域的划定是在保证基础设施和公共服务设施相对完整的前提下，根据相关技术规范，综合考虑道路、河流等自然因素和产权边界等因素，划定成片区域。此外，城市更新单元规划应当纳入法定图则（深圳市人民政府，2009）。第二，针对存量用地的空间核心指标，2015 年颁布的《深圳市城市更新单元规划容积率审查技术指引（试行）》明确了规划建筑面积由基础建筑面积、转移建筑面积和奖励建筑面积构成的复合容积率计算体系。第三，关于存量用地的行政审批，2010 年公布的《关于授权市城市规划委员会建筑与环境艺术委员会审批城市更新单元规划的通知》，在实施层面确定了城市更新单元规划与法定图则的相互对应位置。

2.2　合约理论的演进与发展

2.2.1　古典合约理论：奠定近代资本主义政治和经济秩序

（1）古典法学：合约精神与理念的肇端

法学具有触及个体行为案例的学科属性，因此法学讨论的合约具有更长的可追溯历史。在法学研究中，合约思想的演进可以初步划分为氏族社会时期、习惯法时期、古代法时期、近代法时期、现代法时期五个部分，对应着合约作为主体联系的形成、神圣合约观念的确立、合约约束效应的发展、缔约自由条件的补充、合约社会观念的引申（李仁玉等，1993：77～81）。法学界一般公认现代合约法理论与观念肇始于罗马法（梅因，1984：177），同时现代契约精神也沿袭自罗马法体系，合约自由与合约神圣的原则渗透至一切民法及合同法中，也成为普遍适用的价值判断标准（沃因、韦坎德，1999：6）。

当下民法中的合同原则仍然在立法精神层面秉承古典法学合约理论的原则，第一，合约确立要在交易双方自愿与平等的前提下；第二，交易内容需要以合意为基础；第三，合约意味着承诺，合约一旦达成也就形成了对应的权责关系，具有法定范畴内的约束力；第四，社会与国家准执法机构和执法机构需要尊重合约精神，严格以合约内容为执法依据。更精简地讲，即为自由、平等、公平、诚实信用、公序良俗、神圣及严守的原则（韩世远，2011：34～44）。在这里，合约的特点表现为自由意志、瞬时关系以及条理分明（杨宏力，2014：1）。

古典合约法所倡导的精神在当时社会具备稳固的社会性基础，具有深刻的历史意义与重大的历史价值（阿蒂亚，1982：322）。同时，合约自由的理念在亚当·斯密的《国富论》中被更进一步地阐述为贸易自由的合理性，并作为反对贸易保护主义的论据，由此也奠定了19世纪古典经济学自由放任经济思想发展的基础（Beatson et al.，2010：4）。

（2）新古典经济学：合约机制分析的渊源

古典经济学的发展将合约理论研究从流通过程推进至生产过程，因此其也被视为真正的现代经济学肇端（《资本论》第3卷，1975：376）。新古典经济学又在古典经济学的基础上，通过引入边际效用分析和微分分析，以牛顿力学绝对时空观和拉普拉斯决定论可预测宇宙观为世界观，进一步将经济学确立为研究基于均衡、线性、理性、简化思想的理论体系以及致力于获得确定性最优解的学科（王国顺等，2006：3～4）。在新古典经济学的经济理想范式中，市场交易活动中的交易主体是绝对理性人，交易双方的信息是对称的，通过市场中的交易行为能够实现充分竞争，同时一切经济行为和经济现象都存在着对应的因果机制。

交易行为是市场行为重要的环节，合同又是交易行为的内在环节，所有交易行为都会涉及缔约。虽然在古典经济学看来交易过程不存在制度性摩擦现象，但合约仍然因其短期、一致认同、能够确保执行的特点被纳入研究过程中。新古典经济学将理论建立在具有有序偏好和个人利益最大化的“经济人”与“理性行为”基础上（郑也夫，2000），通过供求均衡论和主观心理评价理论的分析路径（樊纲，1986），把关注点从古典经济学所关注的生产、供给和成本转向消费、需求和效用，推动了经济学领域的“边际革命”（晏智杰，2004：71～88）。

新古典经济学针对交易与市场构建出具有不确定性但理性且完全的合约关系，瓦尔拉斯通过“价格－数量”的关系，描述了市场竞争机制与个体行为最大化方程，在自由市场的完美状态下，供需双方的交易关系形成合约关系，同时稳定的合约关系有赖于供需的平衡。埃奇沃思则认识到合约的不确定性，市场交易关系因为涉及供需双方的个体主观性，所以可能涉及多种组合方式。抽象化解释即为在共同经济社会背景下两个行为主体之间存在相互作用的可行消费束、可行配置以及各自的偏好关系。通过借用经济学中的无差异曲线分析方法，可以形成埃奇沃思方框图。在埃奇沃思方框图中，通过帕累托有效配置的思想可以找到一条能够实现交易双方最优的曲线，同时满足：①交易过程中所有的收益都获得分配，没有浪费现象产生；②不再出现使其中一方收益增加同时不使另一方收益减少的情况；③无法再让双方获得更多的收益；④没有进一步“互利”的可能。简单地来讲就是唯有双方形成一致的沟通节点或者利益节点，才能实现整体收益最大化，因此从整体与长远收益来看，供需双方会形成所谓的“合约曲线”，如图2－1所示。

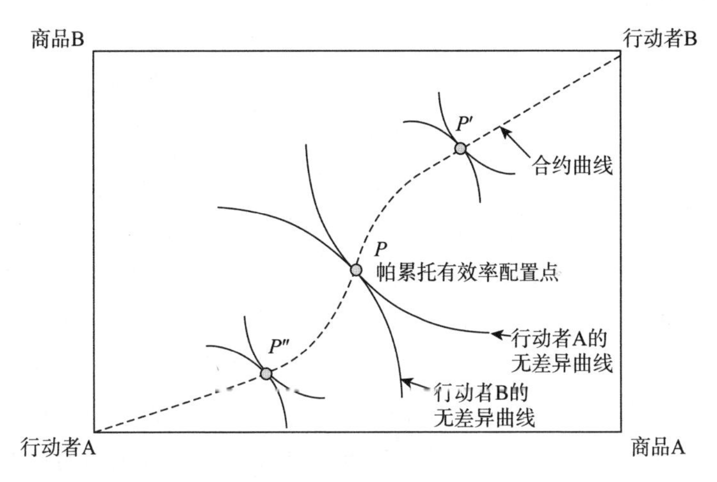

图2－1 埃奇沃思方框图中的“合约曲线”

资料来源：根据范里安（2011：475）绘制。

埃奇沃思方框图中的“合约曲线”实际刻画了瓦尔拉斯一般均衡下的帕累托最优的短期合约集合。因此，新古典经济学的合约具有抽象、完全、不确定的特征（杨宏力，2014：1～2）。尽管这种理想范式遭遇诸多现实性议题的诘责，但新古典经济学技巧性地将超越理论的现实纳入“不确定性”概念中，通过修正将“合约曲线”重新解释为阿罗－德布鲁一般均衡下的帕累托最优长期合约集合（杨瑞龙、聂辉华，2006）。然而，这并未从根本层面解释理性、信息对称性、交易成本等问题，也为新制度经济学的发展留下“突破口”。

（3）古典政治学：资本主义国家制度理念与精神的缔造

合约理论在历史上最高的成就莫过于在亚里士多德自然发生论、柏拉图国家社会分工论、圣奥古斯丁“两个城市”学说、神权政治理论等众多有关国家的学说中突显而出（苏力，1996），通过汲取合约关系中的平等、自由、功利、理性等思想构建出国家和社会的理想范式，在霍布斯的专制主义契约论、洛克的委托契约论、卢梭的人民主权契约论的丰富与完善过程中（韩晓捷，2012），形成古典社会契约论，最终缔造出近代资本主义国家制度理念与精神。在政治实践中，合约理论一方面推动了欧洲启蒙运动的发展，另一方面影响了一批近现代西方资本主义国家的政治体制建设和法律体系发展方向。

16 世纪以来欧洲社会开始出现重大的思想与社会转变，首先，伴随着文艺复兴运动中的科学进步以及人文主义思想发展，理性与人性思想开始在社会层面迅速传播；其次，宗教改革运动对“政教一体”的政治体制产生巨大的震撼，政教分离和政治自由思想开始萌芽，新教伦理更是进一步塑造了资本主义精神，进一步推进了资本主义的发展；最后，国家通过领域性策略将主权和领土结合（Castells，2009：656），以《威斯特伐利亚和约》为开始标志的主权国家概念的形成推进了高度政治化与正式化的现代国家的发展进程（Agnew，1994）。当时的西方社会迫切需要一种新的理论话语和实践话语服务于亟待发展的新政治秩序，这种秩序一方面需要对应科学主义与人本主义发展背后的“理性”逻辑以及神权消逝后的常识化认知，另一方面又需要被限定在当时社会场景想象力的阈值范围内（苏力，1996），古典社会契约论因应时代潮流成为古典政治学至关重要的成就。

霍布斯有关社会契约的思想实质反映的是专制主义契约论。霍布斯率先在神权笼罩的欧洲提出国家的建构是人们根据社会契约完成的，而非神的意志。在这里，缔约的前提条件是人与人地位平等（霍布斯，1985：685～686）。人们可以通过选定代表或集团让渡自己的自然权利，服从于统治者君主制式的管理而非不可捉摸的神权统治。唯有这种缔约关系才能形成国家权力，进而保障个体“安全”，将人类从自然纷争的状态转换至文明社会的状态（潘云华，2003）。但是，霍布斯认为合约的结果具有神圣性，合约一旦形成就不能反悔。他认为，在自然状态中人是充满私欲的个体，必然会出现利益对立，进而导致人类社会陷入尔虞我诈的残酷生存境况（霍布斯，1985：94～96）。避免“人与人的战争”需要公共权力的震慑（霍布斯，1985：94），因此霍布斯的理想社会合约政体是自上而下集权的君主制社会，既然合约已然达成，失约即为不义（霍布斯，1985：108～109），神圣的结果不容侵犯，军国大事均须由君主定夺（霍布斯，1985：133～154）。霍布斯的合约理念实际上是对欧洲宗教改革运动的政治响应，即打破神权、呼吁王权。

伴随着1688年英国“光荣革命”的发生，王权式微，国家权力过渡至议会，英国正式确立了君主立宪政体。英国的政治实践不再需要霍布斯式的专制主义契约论，相反需要服务于正在崛起的英国资产阶级并能够保障英国资产阶级利益的社会契约论。洛克的委托契约论深刻地体现了当时社会的需求，人们拥有维护自己财产和安全的权利，但是需要将这些权利移交给社会或法律。在此基础上成立的政府、市场和社会都要争取半数以上公民的同意或服从半数以上人的一致意见。在这里，专制政府开始成为委托契约论的批判对象。洛克理论中所蕴含的独立批判精神、个人主义思想、民主理念都是资产阶级急需的思想气息，因此洛克阐述的社会契约相关思想也被高度赞誉为影响人类精神和制度最深刻的思想（梯利，1979：94～95）。

卢梭关于社会契约的思想实质上体现为人民主权契约论。在卢梭那里社会契约被视为人为缔约所制造出来的公意，他主张依循公意来理解和规定现代政治生活（陈涛，2014）。公意是所有人缔约构成的人民主权者意志，社会个体共同置身于公意的最高指导下，并且在共同体中接纳每一个社会个体，认为每个个体都是整体不可分割的一部分（卢梭，1997：24～25）。国家成员之间的约定是构成政治共同体的基础，社会契约是一种特殊的公约，这种公约缔结的完毕也就意味着社会契约效力的开始，由此也就产生了集体对个体的约束。人民主权契约的特点在于它一方面能够充分保障个体诉求，尊重个体诉求，另一方面能够将缔约个体与集体约束紧密地结合起来，当个体诉求汇集为集体诉求的时候，社会契约就成为至高无上的、普遍的、人格化的秩序和律令（卢梭，1997：31～32）。卢梭的人民主权契约论是古典社会契约论发展的顶点与典范，它将政治权威合法性牢牢地建立在服从于政治权威的个体间的契约之上（莱斯诺夫，2006：2）。卢梭在其著作中集大成地提出他的“社会契约论”与“人民主权说”，它们成为美国《独立宣言》与法国《人权宣言》的指导性精神。

需要指出的是，尽管古典社会契约论是支持民主管理形式的象征，并且在历史中具有重要的影响力，但是基于这种具有空想性质的契约论本质上是无法建立真正的平等社会的（方建国，2012：60）。

2.2.2 现代合约理论：深化对当代经济和社会的制度性分析

（1）新制度经济学：推进合约理论的发展

新古典经济学一系列苛刻的假设前提使得其理论解释与现实情景存在巨大张力，甚至被称为“黑板上的经济学”（何玉梅，2012：67）。新制度经济学可以视为对新古典经济学中阿罗－德布鲁范式的革命。新古典经济学所秉持的完全市场结构、市场交易无代价、资源配置凭借“看不见的手”自动实现帕累托最优均衡的理念被新制度经济学视为过于简单且无法拟合现实的经济理想，相反现实经济社会不仅涉及生产的成本，也存在交易的成本，甚至制度的成本（张五常，2010：344）。新制度经济学开始将研究的视野拓展到经济活动中的制度安排、制度结构、制度环境以及制度创新等相关的经济绩效范畴（科斯等，2003：1～2）。经济学现代合约理论被认为起源于1937年科斯的《企业的本质》。科斯认为合约的期限越长，对于商品或劳务供给的预测就越难。在这种状态下，用明确的手段规定彼此的权责既不合适也不可能（Coase，1937）。未来提供的商品或劳务只能以一般性条款进行规定，细节性内容问题仍待未来解决（科斯，1994：6）。在这里，科斯开始根据经济活动的真实场景以不完全合约理解交易行为，同时也指明了合约的不完全性可能会导致企业与市场的相互替代。威廉姆森在解释交易成本的起源时也认为通过缔约之前面面俱到的讨价还价行为预判与把握未来是困难的，因此事后的治理结构和制度安排具有重要的现实意义（威廉姆森，2002：16～50）。以科斯的路径为指引，企业理论在三个方向得到了深化，分别是芝加哥学派和加州大学洛杉矶分校推动研究的不确定性经济学，卡内基梅隆大学推动研究的行为学和组织理论以及加州大学洛杉矶分校、芝加哥大学、华盛顿州立大学等学校发展起来的交易产权和合约理论，在整体上形成了当代经济学界的新制度经济学派（汪丁丁，1996）。

在缔约的过程中，合约主体之间存在着信息不对称性的问题，可能导致参与合约的过程中出现道德风险、敲竹杠和逆向选择等问题。在这里，霍姆斯特罗姆以完全合约理论为理论路径，积极研究个人道德风险问题、团队生产中的道德风险问题和动态条件下的承诺问题，并为之提供了有效的解决方案；相反，哈特等学者则围绕不完全合约发展出了不完全合约理论（Grossman and Hart，1986；Hart and Moore，1990）（见表2-3）。

表2-3 完全合约理论与不完全合约理论的对比

	完全合约理论	不完全合约理论
具体理论	委托代理理论	交易费用理论 产权理论
条件假设	市场与企业不存在明晰的边界；交易者完全理性或近乎完全理性；委托人和代理人信息尽可能是对称的；合约的损失与收益具有确定性	市场与企业存在明晰的边界；交易者具有有限理性；交易者都存在机会主义取向；具有关系专用性投资
研究重点	注重事前的机制设计与制度安排	注重事后的监督
结论展望	委托人和代理人可以通过事前合同处理潜在的和未预期的情况，并能够通过制度与机制设计平衡风险与收益，实现次优效率	交易双方的优先理性、信息不对称性以及资产专用性可能导致道德风险、敲竹杠、逆向选择等问题，实现完全合约缺乏现实性基础
代表性学者	霍姆斯特罗姆（2016年诺贝尔经济学奖得主）	科斯（1991年诺贝尔经济学奖得主） 威廉姆森（2009年诺贝尔经济学奖得主） 哈特（2016年诺贝尔经济学奖得主）

需要指出的是，新制度经济学下的完全合约已经完全不同于新古典经济学下预设的合约。新制度经济学完全合约理论承认有限理性与不确定性会带来合约不完全问题（马力、李胜楠，2004），同时在现实约束条件下，合约也只能实现次优效率而非社会最优（聂辉华，2017）。基于此，不完全合约理论下的研究往往将重心置于事后的监督，完全合约理论下的研究往往将重心置于事前的机制设计与制度安排（杨瑞龙、聂辉华，2006）。

第一，完全合约理论。新制度经济学中的委托代理理论根源于新古典经济学合约理论，但是受到信息经济学的启发，放松了对于合约的假设，实际上是非对称信息下的委托代理理论（杨宏力，2014：2～3）。在法学既有的合约范畴中，委托代理是一种简单的合同关系。双方签订合同，其中一方授权另一方可以以前者名义进行指定活动，我们就将前者称为委托人，将后者称为代理人。经济学研究进一步拓宽了法律研究中委托的范围，只要双方有一方行为影响到了另一方行为，就可以称双方关系为委托代理关系，在这里拥有决策信息的人被称为委托人，缺乏决策信息的人被称为代理人（张维迎，2013：269～270）。委托人和代理人的非直接性关系可能导致一系列现象或问题的产生，基于此延伸出了道德风险模型与逆向选择模型两类委托代理模型（见表2－4）。

表2－4　委托代理模型分类

	隐藏行动	隐藏信息
合约约定后	道德风险模型Ⅰ	道德风险模型Ⅱ
合约约定前	—	逆向选择模型

资料来源：根据张维迎（1996：399）整理。

在隐藏行动的道德风险模型Ⅰ中，假设合约约定前的事宜处于理想预设状态，也就是信息对称且有畅通的沟通协调渠道。然而，合约约定后的事宜中可能有种种个体、群体、社会的转变或问题影响代理人的实际表现。现实的变化一方面涉及合约没有具体约定的事宜，另一方面又需要委托人在次优合约的层次基于代理人的工作成果进行重新决策（Holmstrom，1979），在这里委托人只能根据合约约定后代理人的实际工作表现或任务进度确定进行惩罚还是奖励以及惩罚或奖励的度。更进一步，现实中可能存在更复杂的情景，具有同等重要性的工作内容，其中一些可以实现指标化考核，但是另一些服务型的工作，比如服务行业中对客户的微笑、情感投入等可能就没办法或不方便进行指标化考核。这种情况下，对于代理方而言就可能存在着利用考核制度进行套利的行为，这就需要在管理制度中进一步开展有关激励平衡的研究（Holmstrom，1991）。

在隐藏信息的道德风险模型Ⅱ中，假设合约约定前的事宜处于理想的预设状态，也就是信息对称且有畅通的沟通协调渠道。在现实场景中，合约约定后的事宜中委托人很多情况下无法直接观测代理人的执行过程或者完整了解、监督代理人的执行过程，然而代理人却能够接触市场一线信息，这时委托人的收益则依赖于代理人在合约约定之后对市场反应的态度。代理人的积极性与灵活策略显然能为委托人带来更多的收益，相反把合约落实为条条框框可能“错失良机”。这时，通过激励制度选定代理人团队的指定成员加入委托人行列，这位“打破预算平衡者”就能够提高监督效率（Holmstrom，1979）。更进一步地，如果存在着监督者与代理者合谋的现象，就需要委托者在更高的机制层次建立起合谋分析框架，防微杜渐（Tirole，1986）。在政策制度层面，提倡建立固定的职业经理人制度，构建市场声誉体系，确立代理人“制约关注度”制度（Holmstrom，1999），以长期市场回报约束代理人短期投机的现象（Fama，1980），以承诺为切入点，构建集体声誉机制（Tirole，1996）。

在逆向选择模型中，会出现这样一种情形：委托人由于信息的不完全性，并没有明确的利益目标，相反代理人处于市场的一线，拥有丰富的市场信息与商品信息。在这样的市场条件下，代理人往往可能会通过利用信息结构和知识结构从委托人手中套取最大的收益，当委托人知道这个消息后，会进一步降低预算。在委托人和代理人重复的博弈过程中，逐渐形成“柠檬市场”，即次品市场，使得优质商品或服务被市场淘汰，劣等品充盈整个交易市场，甚至在极端情况下，导致整体市场环境萎缩甚至消亡（Akerlof，1970）。当委托人与代理人面对潜在的“柠檬市场”困局时，二者都希望尽量避免这个结局，因此委托人在市场中筛选代理人时就希望物色素质更高，比如具有更高的学历水平和更高的职称的代理人，同时代理人也更积极地投身于学历与职业素质的提升，希望通过简历产生初始影响。尽管新制度经济学完全合约理论是在修正新古典经济学“硬核”部分的基础上形成的，但它仍然坚守着实现完全合约的目标，也就是通过制度和机制设计平衡风险与收益，尽管得到的是次优效率，但仍然有希望实现完全合约（王杰、郭克锋，2005）。

第二，不完全合约理论。尽管有关不完全合约的理论模型在20世纪50年代就开始出现（Simon，1951），但其发展与完善仍然经历了相对漫长的进程，在不断与主流经济学开展理学争论中（Maskin and Tirole，1999；Segal，1999；Hart and Moore，1999；Tirole，1999），逐渐走向成熟，并成为企业理论、产业组织、公司金融、国际贸易、制度经济学以及法律经济学的主要分析框架之一（聂辉华，2011）。新制度经济学中广义的不完全合约理论包括交易费用理论和产权理论。不完全合约理论的发展本质是对新古典经济学中完全合约假设的修正，因此不完全合约理论的发展不但推动了合约理论本身的发展，也在研究范式上推动了整个社会科学理论的进步。

交易费用理论认为不完全合约主要源于人的有限理性、机会主义和资产专用性。该理论主张比较各种不同的治理结构来选择一种最能节约事前交易费用和事后交易费用的制度。科斯率先发现企业的存在是为了降低市场交易过程中的制度成本，威廉姆森进一步指出现实社会中广泛存在的企业合并现象反映的就是为避免付出被敲竹杠的成本而采取的节约交易费用的市场应激行为（Williamson，1985）。合约的交易费用由交易环境和交易特征决定，经济组织存在的形式正是组织为节省交易费用而形成的。合约的完全性程度越低，越应该匹配更低的激励强度、更少的适应性、更多的行政控制治理结构。举个极端的例子，完全合约与不完全合约分别对应市场和官僚组织这两种极端的治理结构。

产权理论以哈特等人的不完全合约理论为代表，强调产权结构对企业组织形式和效率的影响，主张通过某种机制来保护事前的投资激励，强调合约的事前激励作用和“剩余控制权”概念。和交易费用理论一样，产权理论也认为有限理性、机会主义、资产专用性等造成了合约的不完全性，但其所强调的因合约不完全性产生的交易费用的来源不同于交易费用理论。在产权理论中，交易费用产生原因主要在于事后的敲竹杠会扭曲事前对专用性投资的激励。另外，产权理论认为企业是资产的集合，企业的所有权是对物质资产的“剩余控制权”，企业一体化实际上是一个剩余控制权转换的过程。考虑两个企业的并购，因为剩余控制权的转换给并购方带来收益，并购方将获得加大事前专用性投资的激励，而被并购方可以预见到这个情况，这会减弱对其事前专用性投资的激励，给并购带来成本。收益大于成本时，企业倾向于通过并购进行扩张，反之一体化就是无效率的。产权理论认为合约不完全性造成的激励损失应通过事前激励来解决，强调资产的剩余控制权对事前激励的影响，忽略了再谈判的成本和事后协调。

新制度经济学中上述两派不完全合约理论从约束人性和竞争的两个方面——交易费用、产权对交易的组织方式和效率进行分析，完善了合约理论的分析框架，成为企业理论研究的基础性工具（何玉梅，2012：69～

70）。总而言之，首先，对比传统合约的特征，新制度经济学首先开拓了合约分析的新维度，明确区分了合约的完全性与不完全性概念，进一步深化了理论学界对于合约的认知；其次，现当代合约理论实际将隐性合约纳入研究范畴中，区别于古典合约理论中明确的合约内容甚至必要的合约仪式，新制度经济学开始将一切经济关系与社会互动纳入研究视野时，隐性合约实际就已经成为与显性合约并列存在的重要概念；最后，在具体的研究内容上，新制度经济学以非对称信息条件为基础，针对合约的不完全性探索出诸多具有现实指引意义的模型，比如道德风险模型与逆向选择模型，这些研究内容对企业建设与制度建设都产生重要指引意义（陈磊，2013：22）。

（2）合约法学：开创了关系合约理论的路径

“关系合约”的概念源自美国法学家麦克尼尔提出的关系合约理论。这一理论从研究社会生活中人与人之间交换关系的特点出发，分析了不同缔约方式，认为每项交易都是嵌入复杂的关系中的，理解任何交易都要求理解它所包含关系的所有必要因素，从而形成了一种与传统观念不同的合约法学思想。关系合约理论的发展实际上是基于法律的社会实践经验对古典法学合约理论的一次“理论挑战”。

进入现代化社会后，古典合约内在追求的建立公开且透明的显性合约并未能彻底实现，相反其在运行过程中开始遇到越来越多的现实困境。面对越来越多的合约依赖于“法外”的“人质、抵押、触发策略、声誉”等“非法定”机制维系运作的事实（弗鲁博顿、芮切特，2006：186～220），古典法学合约理论中“意思自治”与“合约自由”的核心地位也开始受到愈发强烈的动摇。具体表现为：非当事人约定条款合约化、履约过程中对不当行为的处置受到重视、进行情理性补偿成为承担民事责任新常态、司法实践对合约自由与意思自治进行事实性干预（张艳，2020）。第一，非当事人约定条款合约化。古典法学合约理论中的意思自治强调缔约双方以合约条款为唯一法定依据，然而伴随着诚信原则从民法向公法领域的扩张（赵小芹，2008）以及大陆法系有关合同法实践的发展，合同的附随义务应运而生，交易主体需要在合约条款之外进一步依据诚信原则履行合约与法律规定之外一系列的附属义务（费安玲，1999），其后又陆续发展出合约终了后过失以及附保护第三人作用合约等，这些法学理论的发展已经远远超出了古典法学合约理论所能覆盖的范围（侯国跃，2007：103），合约实践的发展事实上突破了古典法学合约理论的边界。第二，履约过程中对不当行为的处置受到重视。古典法学合约理论虽然对履约有明确界定，但条款对应的内容却是机械主义的，越来越多的现实性不当行为逐渐突破合约约定范围，比如服务业行业中受雇佣者小道传播雇佣者隐私信息、受雇佣者对非约定基础设施进行随意性或有意性过度损耗、债权人以敲竹杠的方式对债务人施行人格侮辱（杜景林、卢谌，2004：59～60）。第三，进行情理性补偿成为承担民事责任新常态。在古典法学合约理论中，过错责任和无过错责任的结构设置并不能有效实现社会公平与社会正义的道德目标，因此根据法律实践的需要以修补的方式发展出补偿责任，也称为无过失补偿（赖婷婷，2011）。它是一种不以行为人过错为责任要义，相反增加社会情理考量的责任形式，在事实上增加了雇佣人的责任，为受雇人提供政策与利益倾斜性法律保障，尤其表现在工业事故和职业病领域（郑尚元，2004）。在我国的法律体系中，也存在着类似的法律条例，比如，我国《民法典》第一百八十三条提出，因保护他人民事权益使自己受到损害时，由侵权人承担民事责任，受益人也可以给予适当的补偿；我国《工伤保险条例》第六十二条提出，应当参加工伤保险而未参加工伤保险的用人单位职工发生工伤的，事后应由用人单位按照规定的工伤保险待遇项目和标准支付费用；等等。第四，司法实践对合约自由与意思自治进行事实性干预。在现实中，当合约执行过程中需要司法介入的时候，一方面，司法会对合约事宜进行独立性解读，这个执行过程实际上潜存着对合约的理解偏差；另一方面，缔结合约时主体很难预期未来形势发展，因此司法介入反而能够平衡主体之间现实性利益分配。但是这二者在实际执行过程中都已经突破了古典法学合约理论的要求。

20世纪60年代，麦考利发现企业间所签订合同的实际执行并非古典合约原则所设定的那么严密与严格，企业之间主体关系甚至是建立在非合约关系之上的。对于调查案例中的绝大多数企业而言，签合约是一回事，执行合约则是另一回事，因此综观企业之间的整体关系，合约在现实中仅仅是一套既定的仪式流程。同时，即便企业间在合约范畴内存在问题，不在万不得已的情况下也断然不会诉诸法律途径，相反却会在彼此既有的良好关系与沟通渠道基础上洽谈协商。基于这种现象，有必要重新审视合约主体应对潜在问题为何偏好关系策略而非司法策略（Macaulay，1963）。以麦考利的发现为突破口，古典法学合约理论难以融入法律实践的问题迅速发酵，最终掀起了法学界有关合约理论探讨的高潮。

1974年，吉尔莫在法学界发表了《合约的死亡》，公开声明以合意为核心的古典法学合约理论在当代法学中正走向消亡，法学家应当转移注意力，细致地观察社会，积极提炼分析社会的前沿视角（吉尔莫，2005：1）。1980年，麦克尼尔系统性地在《新社会合约论》中提出了关系合约理论，他明确地将法学中的合约理论分为传统的个别性合约和现代的关系性合约，这里的“关系”是法律主体间基于社会与环境所形成的共同生活情境与人际关联（Macneil，2000）。与古典法学合约理论的经济人主体假设、形式主义方法论、将合意作为核心范畴以及唯效率价值追求不同，关系合约理论认为合约理论应当赋予现实意义，应以受到现实约束的社会人作为其主体假设，应该采取在考虑规则的同时也考虑规则背后价值的实质主义方法论，应从合约当事人合意的局限性角度以及合约法的功能视角来考虑关系作为关系合约理论核心范畴的意义，应以合约团结、合约公平、合约效率等多元价值作为其价值追求（孙良国，2008）（见表2-5）。以吉尔莫为代表的合约死亡学派和以麦考利为代表的威斯康星学派提出的“合约并不重要”的思想观点为古典法学合约理论带来了巨大震撼，因此迅速成长为当代美国法学合约理论的重要流派（刘承韪，2011）。1986年，麦克尼尔之子罗德里克·麦克尼尔以关系合约为框架开始分析中国合约法律实践具有的关系合约的特征，进一步以中国的实践丰富了关系合约理论（Macneil，1986）。

表2-5 古典法学合约理论与关系合约理论的比较

	古典法学合约理论	关系合约理论
主体假设	经济人	社会人
方法论	形式主义	实质主义
核心范畴	合意	关系
价值追求	唯一价值（效率）	多元价值

资料来源：根据孙良国（2008）整理。

1990年，内田贵以《契约的再生》进一步完善了关系合约理论，同时也积极试图将法学界关于合约理论的讨论拉回理性讨论的层面。一方面，内田贵认为麦克尼尔的关系合约研究仍然属于法社会学层面的叙述研究，他想用实定法学理论对关系合约理论进行重构，将关系合约提升为法学理论研究的正式性概念，并以诸多日本合约法实践为案例，进一步深化和发展了关系合约理论（张艳，2014）；另一方面，内田贵认为与其说法学合约理论面临“衰落”“崩溃”“危机”等，不如说关系合约理论带来的是法学合约理论的“文艺复兴”，关系合约的引进实际上是以“例外”的形式增强了传统法学合约理论“内核”的向心力（内田贵，2005：1、194）。

总体来讲，关系合约的主要特征是关系嵌入性、时间长期性、自我履约性、条款开放性，其效用保障则在于潜在合作价值、关系性规则以及声誉，主要作用是替代非健全法律体制下的正式合约、激励专用性投资和开展适应性治理（孙元欣、于茂荐，2010）。关系合约理论作为法学研究中由现象抽象而成的理论，在经验世界也得到越来越多的验证，比如美国劳动市场中被正式合约覆盖的部分仅占20%，在劳动市场使用长期合约也缺乏约束力（Bull，1987），同具有声誉的企业进行交易对于正式合约的投入会降低（Klein and Leffler，1981），正式合约越复杂的社会其治理关系实际上也会越丰富，最终呈现出正式合约与关系合约互补的市场局面（Poppo and Zenger，2002）。在经济学研究中，关系合约被进一步发展为“自我履行”概念，也就是市场主体在交易过程中不需要监督与干预机制，能够自觉履约的行为（Baker et al.，2002），其能够显著增加对外贸易企业的收入（Zhang et al.，2003）并提升市场交易绩效（Claro et al.，2003）。从更深的层面上来看，关系合约中实际隐含着自我实施机制，它不同于法律和道德，是由重复博弈所形成的一种声誉机制，属于算计性信任机制（刘仁军，2005）。

（3）政治学新社会契约论：以公平与正义的视角重新审视合约价值

伴随着古典政治学合约理论的日渐式微，以罗尔斯为代表的现代政治学家，重新将正义与自由纳入社会契约论的讨论中，通过开创社会公平性与正义性研究议题，提出了政治学新社会契约论，实现了政治学合约理论从衰落到复兴的转变（罗尔斯，1988：2）。罗尔斯提出的“无知之幕”本质也是一种不完全合约（潘云华，2003）。

与古典政治学合约理论相比，新社会契约论更加强调的是“工具性”

理性。古典政治学合约理论阐述的是历史演化的结果，而新社会契约论是假设的、非历史的，是一种人类站在纯粹理性的高度审慎思考国家政治合法性的“理想国”式理论。第一，构建这套理想的社会合约需要确立合理的政治推理基础，即所有缔约主体都是“自由而平等的道德主体”。第二，古典政治学合约理论强调的是政治正义或者道德正义，而罗尔斯的新社会契约论强调的是纯粹的程序正义。程序正义不奢望缔约主体拥有异于常人的先赋性生理能力或社会能力，它仅需缔约主体恪守程序流程、维护程序底线。同时，它也不指望短期的政治成效，而是立足于合约的长久稳定状态。第三，罗尔斯的新社会契约论是政治建构主义的，不是服务于古典政治学合约理论的理论理性而是服务于实践理性，它以现有的政治资本服务于现有的政治需要，而非以历史的经验服务于未来的政治需要，政治合理性是其存在的核心现实意义。新社会契约论追求的是合约一致性，而非合约真理性（姚大志，2003）。综上所述，罗尔斯提出的新社会契约论体现的是纯粹的政治观念与独立的观点，是一种“政治自由主义”（Rawls，1996：10－11）。

罗尔斯的新社会契约论对于当下城市规划领域的发展具有重要意义。在市场经济体制下，公平与效率存在着内在张力，伴随着规划调整产生规划外部性效应，城市空间收益格局必然出现调整，这时在罗尔斯思路的指引下就需要重新平衡空间收益，也就是共享城市规划中的土地增值收益，比如改善生活质量、提供就业机会等（胡映洁、吕斌，2016）。城市规划的决策需要扮演一种“无知之幕”角色，以科学理性的方式化解空间价值冲突，保障整体公共利益（陈鹏，2005）。如果将罗尔斯的无差异原则应用于城市规划利益还原的情景中，“作为公平的正义”原则就是城市规划中理想的土地收益分配原则。

2.3　以合约视角分析存量规划的可行性

首先，以中国为案例进行研究本身就暗含着探寻异于西方世界认知的特殊性的目的，因此以研究中国发展经验与实践经验为基础，能进一步丰富合约理论与促进合约框架的发展（沃因、韦坎德，1999：1）。其次，在中国快速的城市发展进程中，城市规划是触及现实性议题最深、最普遍也最广的领域。诺贝尔经济学奖得主斯蒂格利茨曾称中国的城市化与美国的高科技发展是深刻影响21世纪人类发展的两大课题（吴良镛等，2003）。城市规划作为人类历史中具有重要意义的关键学科，在实践发展过程中积累了大量现实性素材与经验。城市规划的素材和经验能否对合约理论进行校验，进而延伸或修正既有的合约研究路径，是具有希望且亟待探索的议题。

总体来看，使用合约视角研究城市规划的优势在于，一方面其能满足合约理论用大量实践性与经验性素材来丰富理论框架的需要，另一方面对于城市规划就学术研究而言需要在制度层面以理论结构为组织框架研究其运行机制。此外，就研究议题的延续性而言，使用制度经济学（赵燕菁，2005；田莉，2007；周国艳，2009；江泓，2015）和社会学视角/社会规划视角研究城市规划（张庭伟，1997；刘佳燕，2009；李京生、马鹏，2006）的路径在城市规划研究中地位日益提升；就合约视角而言，合约视角下城市规划相关议题研究也正在形成系统性研究，比如城市规划中的合约分析方法研究（刘世定、李贵才，2019）、合约视角下的控制性详细规划调整研究（张践祚、李贵才，2016）、合约视角下产业遗存再利用研究（邱爽等，2014）、合约视角下产业用地到期治理研究（刘成明，2020）。

2.3.1 存量规划中合约的约束属性

合约的“显－隐”属性是社会科学中常规的理论分析框架。在哲学、经济学、政治学与社会学研究中，巨擘们，如马克思、韦伯、冯特、帕累托、库利与索罗金等会就当下的现象与问题进行对未来发展趋向的思考，即对“未预期结果”的展望（叶启政，2016）。后来，以默顿为代表的社会学结构功能主义学派对未预期结果的意义给予了高度的认同，并基于这种概念进一步提出社会显性功能与社会隐性功能概念。人们由于具有对知识与经验的无知性、可能的认知错误以及对问题的短视（Merton，1936），所以更擅长总结历史经验、寻找现状中的因果关系，但是缺乏对未来的预判。人们对社会认知的特点决定了理论分析框架的设定，显性功能是指预期的客观后果，就发生在人们经历的当下；隐性功能距离日常生活较远，很难为世人所在意，是一种有助于体系调整与适应但却未能为该体系之参与者所意图达成且认识到的客观结果（Merton，1968：105）。因此，研究制度的隐性功能、突破显性功能的约束成为制度研究中需要计划并提出建议的部分。最终，社会学将这种理论分析框架的运用提升至学科的基本任务与基本课题的高度，并内化为一般制度研究的基本分析内容（Giddens，1984：12；Lazarsfeld，1975）。

需要指出的是，结构功能主义的思路并不仅限于上述路径，其与社会主义经济学中短缺经济学派的结合可以进一步丰富功能的分析框架（Brabant and Jozef，1990）。科尔内认为社会主义国家经济实际上是“资源约束”型经济，资本主义国家经济实际上是“需求约束”型经济（Kornai，1979），并在《短缺经济学》中分析以匈牙利为代表的传统社会主义计划经济模式，创新性地引入“软预算约束”概念来解释在价格机制下社会主义体系的短缺现象（Kornai，1986）。短缺经济学重点研究了合约“软约束”属性中的“软预算约束”，“软预算约束”属于经济学研究中的热点话题，涉及如银行高风险投机的原因（Dewatripont and Maskin，1995；Qian，1994；Bai and Wang，1998）、中国国有企业亏损的原因（Li and Liang，1998）、亚洲金融危机的经济学解释（Huang and Xu，1998）、新厂商理论对高科技产业研发项目事后选择的融资行为的解释（Huang and Xu，1999）等研究主题，同时也深入地延伸至政治学与社会学的研究中，比如政府行为组织分析（周雪光，2005；张建波、马万里，2018）、针对农村社会的“软硬兼施”治理手段的分析（孙立平、郭于华，2000）等。基于“软预算约束”的研究实际延伸了对制度的分析，尤其是与中国有关的案例被置入“软性制度－硬性制度”的分析框架中。以风险约束为例，风险约束是指一系列无法事先确定其是否出现的因素对决策者行为的约束，其中软风险约束为面对失败的结果，决策者具有安全阀机制分流责任承担，无须权利主体承担结果的全部责任；相反，硬风险约束为面对失败的结果，决策者在没有其他安全阀机制或者其他安全阀机制失效的情况下，需要权利主体全盘担责（刘世定，2005）。制度的“软”意味着其具有价值多元属性、时效高宽容度以及结果的高容错性，制度的“硬”意味着其具有强势方决策、时效低宽容度以及结果的零和性等特性。合约作为制度的典型代表，同样具备运用上述分析框架的条件与可能性。

需要指出的是，学界对短缺经济学派的发掘几乎全部聚焦于合约执行过程中的“软－硬”属性，其中的原因在于“软－硬”属性能够在现实中找到广泛的经验案例。然而，众多学者对于科尔内在《短缺经济学》中提出的合约“松－紧”属性却呈现一种自然而然的忽视态度。对于合约“松－紧”属性的忽视的原因一方面在于人们很容易将“松－紧”定义为自然环境与社会场景的初始状态，在这里对于“松－紧”属性的关注既无必要也无意义，就像资本主义国家经济的初始状态即为“需求约束”型经济，社会主义国家经济的初始状态即为“资源约束”型经济；另一方面在于现实经验中合约“松－紧”属性转换的案例相对较少同时影响力较小，又或者具有相当的影响力但是都是非常规之举，持续时间较短。

本书注意到，中国城市规划在空间上采用的实际上是规划建设部门与自然资源等部门“条块并行”的管理路径（见表2－6）。以“两证一书”为例，“两证一书”既是规划方案落地的充分条件，也是中国城市规划实施管理的基本制度。在这里，《建设项目用地预审与选址意见书》是城乡规划主管部门审核建设项目选址的法定凭证，同时也是自然资源等部门提供土地的依据；《建设用地规划许可证》是向自然资源部门申请用地的许可凭证；《建设工程规划许可证》是建设工程符合城市规划要求的凭证。

表2－6　城市规划的空间管理路径

	条状管理	块状管理
顶层规划	土地利用总体规划	城市总体规划
规划依据	《中华人民共和国土地管理法》《中华人民共和国土地管理法实施条例》等	《中华人民共和国城乡规划法》、各地城乡规划条例等
规划内容	土地资源保护与利用、耕地与基本农田保护、土地用途管制等	城市定位、规划目标、空间格局等
规划重点	指标控制	方向指引
规划目标	国家空间战略安全与平衡	地方政府发展诉求满足
规划监管	国家土地利用变更调查与土地卫片执法检查	市级政府编制与监管

城市规划方案的落地受到条状管理与块状管理共同的约束。在条状管理的过程中，约束往往体现为层级之间的“管控”思路，比如总量控制、指标调控、严守红线等，因此条状管理所体现的往往是上下级之间或者政策与执行之间指标约束的“松－紧”问题。相反，在块状管理的过程中，约束往往体现在地方政府与地方发展范畴内，比如规划指导先行以及成熟

一片、带动一片等，因此块状管理所体现的往往是地方政府在上级政府指标约束下采取“软－硬”适应性治理的执行策略。比如伴随着中央政府在“条条层面”的约束由松变紧，地方政府在执行规划的过程中就可能出现“块块层面”约束的由硬变软，更积极地采取适应性调整策略，目的在于确保规划方案落地，软化规划执行过程可能面临的反对与冲突。综合上述分析，建立基于合约的显－隐性与软－硬性、松－紧性的合约概念框架（见表2－7）。

表2－7　基于合约的显－隐性与软－硬性、松－紧性的合约概念框架

常规制度分析		短缺经济学			
合约的显－隐性		合约的软－硬性		合约的松－紧性	
显性	隐性	软性	硬性	松性	紧性
合同约定	社会性规则	价值多元属性	强势方决策	上层容忍下限	下层容忍上限
附录与细则	人际关系	时效高宽容度	时效低宽容度	条件宽松	条件苛刻
计划预期内	计划未预期	高容错性	零和性	较易实现	较难实现

2.3.2　存量规划中合约不完整性属性

存量规划的达成建立在以产权主体经济收益、地方公共设施及服务配套、区域生态与资源可持续等为核心的多元价值目标集合的基础上。从城市规划的演进发展来看，存量规划实际上就是通过“政策补丁”将后期重新达成的多元价值目标集合方案“嵌入”既有法定规划的过程。

本书认为现实中出现的已经完成的城市规划方案无法落地的局面根源于城市规划具有合约的不完整性。在这里，不完整性是指城市规划所涉及的相关主体之间并没有达到一致的认可状态，也就是规划方案中相关社会主体之间的摩擦和冲突尚未得到妥善解决，一些社会主体对于规划方案持赞同的态度，但是另一些占据相对或绝对多数的社会主体对于规划方案持反对的态度（刘世定、李贵才，2019）。为了弥合城市规划预设方案与城市规划落地执行之间的张力与偏差，需要策略性方案的介入，最直接的方式即通过打补丁解决存在争议的“天窗区”与“留白地”问题。一般而言，通过打补丁的方式消除城市规划的不完整性，并促使其成为一项完整的合约，可能存在以下结果：一种情形是“船小好调头”，并且产生“调头速度快”的积极效应；另一种情形是产生“调研不充分，研究不成熟，出尔反尔”的消极效应，致使政策执行面临诸多质疑。

具体而言，第一，如果补丁方案能够获得各个社会主体尤其是村民个体与村集体主体的一致认可，就能够提升社会对于调整的认同程度，产生积极的社会效应；相反，频繁推出补丁方案但未能协调好各个社会主体尤其是村民个体与村集体主体的意见，势必会损害城市规划执行的严肃性，产生消极的社会效应。第二，如果补丁方案能够以开放的姿态将“开门规划”贯穿于城市规划的编制过程中，并及时向社会公示及邀请社会监督，就能够让社会其他主体认识到调整的目的，也能让社会主体感受到公平与公正的社会环境；相反，如果补丁方案在涉及多元社会主体利益的背景下仍然强制贯彻“自上而下”的权威规划理念，中性的“政策补丁”就有可能被其他社会主体曲解为“朝令夕改”（韩万渠、宋纪祥，2019）。第三，补丁方案如果执行得当且能够解决既有城市规划的不完整性问题，就能够凭借“政策试点”治理机制彰显管理优势（章文光、宋斌斌，2018）；相反，补丁方案如果执行不得当且未能解决既有城市规划的不完整性问题，就势必会导致出现重复性社会工程，甚至被其他社会主体曲解为腐败（周黎安，2004；江飞涛、曹建海，2009）。

对于补丁方案现象的研究需要被纳入制度的视野，否则只能囿于素材“碎片化”甚至经验对立的情形，这不仅无助于学科的发展，甚至还可能片面化认知。新制度经济学以众多企业为案例，以合约的预见性为核心，将合约具体划分为完全合约与不完全合约。完全合约的路径认为合约能够具备完全性，尽管现实中存在各种各样的问题，但仍然可以通过制度设计采用更周全的体制，从而平衡风险与收益，实现次优效率，因此需要提高合约制定者的“专业性素质”。不完全合约的路径认为合约不可能具备完全性，道德风险、敲竹杠、逆向选择等问题总是让企业防不胜防，因此与其制造完美的合约不如建立监督体制、增强监管机制的完备性。合约的完全性与不完全性概念极大地推动了合约理论发展。如果通过合约视角来看待城市规划补丁方案的经验，那么合约就可以更进一步地划分为完整合约与不完整合约，合约理论就有可能在城市规划领域“生根发芽”甚至拓展新的路径并形成路径框架（见表2-8）。

表 2-8　合约的路径框架

	新制度经济学延伸出的合约路径框架		城市规划延伸出的合约路径框架	
路径	完全合约	不完全合约	完整合约	不完整合约
方向	采用更周全的体制	建立监督体制并增强监管机制完备性	规划的出台获得所有主体的一致认可	补丁方案嵌入法定规划

2.3.3　存量规划中合约的内容与结构

（1）存量规划的合约关系

合约的订立首先是行为主体之间建立关系的过程。区别于法学、经济学、政治学视角下将行为主体视为当事人、自然人、法人与权利人等具体化概念，社会学更倾向于将行为主体理解为存在紧密社会联系同时内部又具有趋同倾向的主体，比如一般情况下存量规划所涉及的政府主体、村集体主体与企业主体等。

一是政府主体。涉及城市规划目标、定位与具体方案等议题的政府各个部门之间可能存在着讨论、争议与协调，但是这个过程最终会以统一意见形成并集中体现出政府整体权益为结果。一般而言，政府介入存量规划不会直接投资，但是可以为存量规划活动提供特殊的土地使用政策和规划管理程序，也可以通过补偿性政策吸引其他相关主体并作为缔约主体参与协调过程。我们认为这个过程实际凸显了缔结合约过程中的政府主体形象。

二是村集体主体。存量规划方案在空间层面的落地需要获得实际占有空间主体的认同与配合，这涉及该空间范围内所有实际占有空间的个体，这些个体的利益诉求尽管细致程度不同，但是都能以村集体为单位统合成集体意见进行表述，我们认为这个过程实际凸显了缔结合约过程中的村集体主体形象。

三是企业主体。政府主体与村集体主体的意见统筹只形成了缔约初步意向，最终规划方案的落地仍依赖于市场资本的运营。现实场景中可能存在多种形式的企业主体以及多种与政府主体、村集体主体合作的方式，但是企业主体核心参与动机都是获取政府主体与村集体主体利益诉求之外的剩余收益。尽管现实场景中可能出现政府主体约束加强与村集体主体诉求增加的情形，但是在深圳建设用地短缺以及房地产市场房价高企的背景环境下，企业主体仍然能够获得足够的预期收益。我们认为这个过程实际凸显了缔结合约过程中的企业主体形象。

四是其他主体。尽管对于大多数城市规划案例而言主要的主体就是政府主体、村集体主体与企业主体，但是由于存量规划缔约背景的复杂性，仍然有存在着其他主体的可能性。比如在湖贝古村改造中第三方社会公共力量围绕历史与文化保护议题的介入（杨晓春等，2019）、具有邻避效应的公共设施在建设过程中所引发的周围群体的反对（段进，2014）等。需要指出的是，其他主体的重要性只在个别案例中能够得到凸显，具有偶然性与特殊性。

在推行存量规划的过程中，各个社会主体会在结构与互动中形成一种新的关系。如果仅考虑一般情况下所涉及的政府主体、村集体主体与企业主体，它们的关系形式可能是三方主体之间均势对等，形成三条强度相等的关系，共同推进合约的落实；也有可能其中两条关系为强关系，剩下一条关系为弱关系，前两条关系决定合约的主要进展；也有可能其中一条关系为强关系，剩下两条关系为弱关系，前一条关系决定着合约的进展：最终可能存在 7 种理想关系模式（见图 2－2）。需要指出的是，理想关系模式只是模式的可能性建构，主体之间具体的关系模式需要在案例中深度发掘。

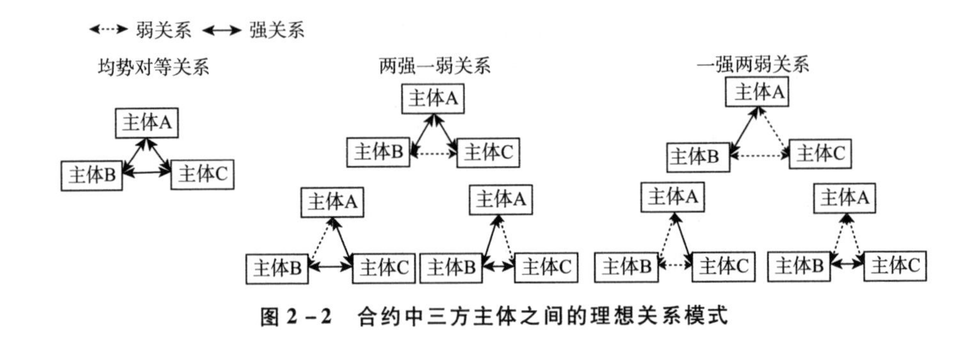

图 2－2　合约中三方主体之间的理想关系模式

（2）存量规划的合约要素

合约内容是对社会主体之间沟通协商后形成的意见方案的落实，其中合约要素是合约内容的核心。理解深圳存量规划的合约要素需要将存量规划的发展历程具体分为三个阶段，分别是存量规划初期阶段、存量规划探索阶段与存量规划发展阶段。

首先是存量规划初期阶段。在存量规划发展的早期，深圳的存量规划一方面缺乏专职管理部门，另一方面也缺乏法律与行政监督，因此存量规划主要由村集体自行主导或进行简单的合作开发，因此也就形成了“自改房”或“合作建房”现象（李江，2020：61～62），此时并未形成具有典型意义的合约要素。

其次是存量规划探索阶段。2004 年，深圳进入城中村改造时期，发布了《深圳市城中村（旧村）改造暂行规定》，2005 年公布了《深圳市城中村（旧村）改造总体规划纲要（2005—2010）》，2006 年还制定了《深圳市城中村（旧村）改造专项规划编制技术规定（试行）》，将存量规划视为“准法定图则”。《深圳市城中村（旧村）改造专项规划编制技术规定（试行）》明确指出城中村改造专项规划既是指导城中村改造项目实施操作的重要技术文件，也是规划主管部门对改造项目进行规划管理的技术手段，还是其他相关部门落实有关政策、对城中村改造项目进行管理的重要依据。经批准的城中村改造专项规划是编制或修订涉及该规划编制区的法定图则以及其他相关规划的依据。在编制深度上，特区外项目规模较大的城中村改造专项规划以法定图则深度为主，特区内项目规模较小的城中村改造专项规划以详细蓝图深度为主（深圳市城市规划委员会，2006）。以拆除改造区中的合约要素为例，合约的土地利用类要素涉及用地布局、各地块的主要用途及相容性、开发强度、建筑总量及各类建筑量、绿地率及绿化覆盖率、居住人口及户数，城市设计类要素涉及城市空间组织、景观环境设计、建筑形态控制，配套设施类要素涉及各类公共和市政配套设施的控制，道路交通类要素涉及地块内外部交通组织、道路及场地竖向设计、交通场站设施布局和控制要求、步行系统控制，市政工程类要素涉及水、电、气、环卫、防灾等各类市政工程管线的负荷预测、管网体系及设施控制。深圳市城中村改造时期所确立的存量规划要素为系统确保城市更新以打补丁的方式嵌入法定图则提供了实践性支撑（赵冠宁等，2019）。这一阶段的规划体系具体如图 2－3 所示。

最后是存量规划发展阶段。2010 年公布的《关于授权市城市规划委员会建筑与环境艺术委员会审批城市更新单元规划的通知》规定，城市更新单元规划由与法定图则委员会平级的建筑与环境艺术委员会审批，其中主

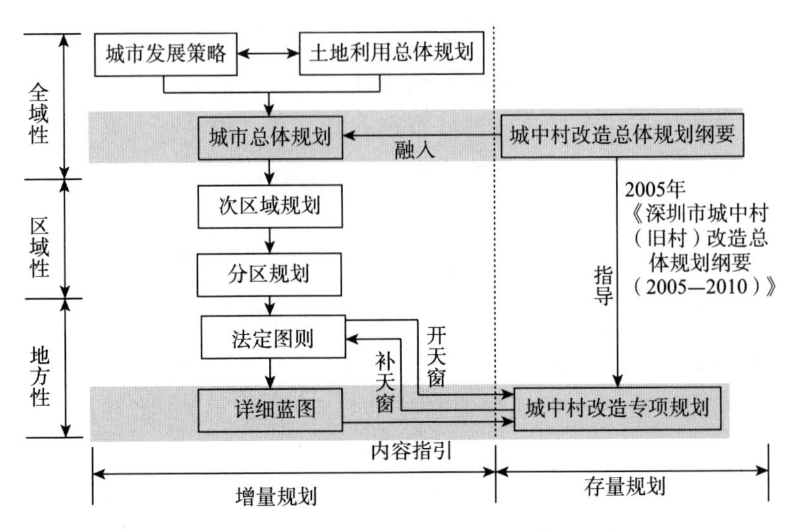

图 2－3　存量规划探索阶段的规划体系示意

资料来源：根据赵冠宁等（2019）绘制。

要事项包括审批改变法定图则覆盖地区强制性内容的城市更新单元规划以及审批法定图则未覆盖地区的城市更新单元规划。由此，城市更新单元规划正式成为有机衔接增量法定图则规划的存量规划。这一阶段的规划体系具体如图 2－4 所示。

根据 2018 年公布的《深圳市拆除重建类城市更新单元规划编制技术规定》，拆除重建类城市更新合约要素包括单元主导功能，除产权移交政府的公共配套设施面积以外的单元总建筑面积，住宅及商务公寓建筑面积，道路系统及控制宽度，公共绿地用地规模与布局，公共配套设施（学校、医院、养老院、综合体育中心、公交首末站、变电站等）规模及重要公共配套设施类型与布局，文物保护单位、文物保护单位保护范围，建设控制地带、未定级不可移动文物、紫线、历史建筑、历史风貌区、古树名木等保护范围，城市设计重点地区的城市设计要求，等等。同时，城市更新规划研究报告中必须明确提出利益平衡方案，内容包括：单元总规划建筑规模及功能配比，独立占地城市基础设施、公共服务设施、其他城市公共利益项目、创新型产业用房、人才住房和保障性住房、人才公寓用地的拆除责任和移交要求，配套建设城市基础设施、公共服务设施、其他城市公共利

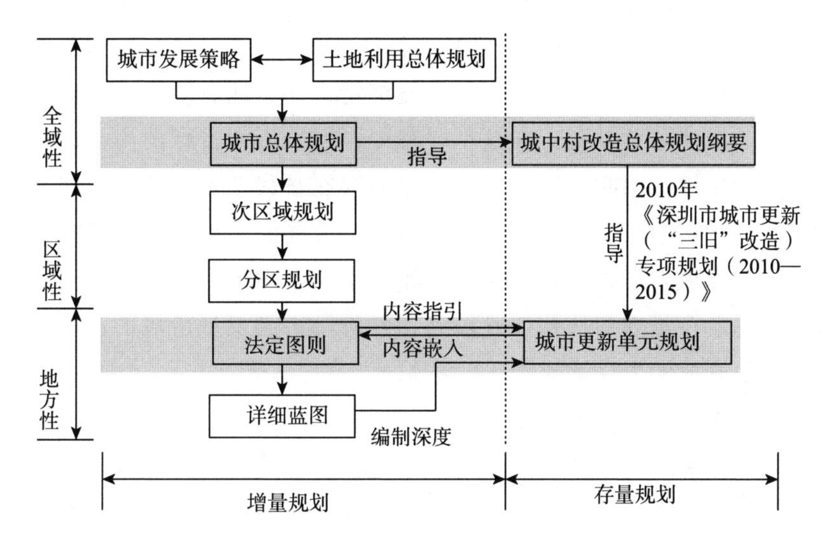

图2-4 存量规划发展阶段的规划体系示意

资料来源：根据赵冠宁等（2019）绘制。

益项目、创新型产业用房、人才住房和保障性住房、人才公寓的相关要求（包括类型、规模、位置、产权管理等），政府主管部门要求落实的其他绑定责任。同时，分期实施方案也应该作为各分期利益平衡的重要手段，内容包括各分期分配的规划建筑规模，各自须承担的拆除责任和土地移交、配套建设及其他绑定责任等，明确各分期的责权利划分。

本书认为要素的多元化与细致性发展有助于存量规划谈判过程的推进。在城市早期快速发展的阶段，如果一方面谈判程序缺乏奖惩措施，在对积极合作的行为缺乏鼓励的同时也对“钻空子”的消极行为缺乏惩处，另一方面合约的要素囿于单一的经济效用曲线，即基于价格的货币补偿与收益，势必会导致规划在执行层面面临土地权益主体个体收益与政府发展公共收益之间的张力，结果必然是单一主体的理性超越整体收益理性。此时，城市规划的谈判过程往往会演绎为零和博弈，产生“囚徒困境”。如果社会主体持续将谈判的目标锁定在价格上，波动的经济收益方案将使“囚徒困境”不断加重，促使单个主体采取过激的行为，导致城市规划在执行过程中产生较多的制度性摩擦。

因此，立足于合约的要素优化，可以将合约的要素从单一的经济收益拓展至“奖励容积率”与“奖励建筑面积”等复合措施，为地方政府提供“绩效考核加分”与“奖励建设用地指标”等奖励措施。并举的多种举措能够将单一主体的收益与整体社会的收益绑定，促进地方政府更加便捷地行使公权力、保障公共利益。在这个过程中，如果协调目标的内在动机本身就具有多元属性，同时这些多元属性之间存在替代关系，那么主体往往更倾向于采用均衡策略，平衡各个发展目标，最终的多元效益收益方案则有助于进一步使谈判过程中的矛盾“降温”，使得整体存量规划执行过程更加顺畅。伴随着存量规划从初期阶段到探索阶段再到发展阶段的演进，要素的丰富可以有效助力存量规划平稳落地。

（3）存量规划的合约结果

伴随着现实生活中经济条件、政治条件以及社会条件的改变，社会主体之间的利益关系也可能发生改变。当既有的合约关系无法适应新的发展预期，社会主体就需要通过调整合约促使其与新条件下社会资源的稀缺性、技术性机会、利益分配机制以及主体偏好和自身预期相一致，最终以缔结合约的形式重新确定各自的选择集以及彼此的利益关系。需要指出的是，缔结合约是一种社会主体通过非生产性活动获得收益的过程，并未提供传统效用函数中的物品或服务，因此不单单是对整体社会资本“蛋糕”的重新分割过程，也不单单是公共选择理论中的“寻租”过程，但是同样可以改变社会主体的选择集，进而实现交易费用的减少、租值消散的减少、经济效率的提高、收益分配的调整、经济机会的再配置等。

在缔结合约的过程中，不同社会主体的认同对于合约最终的确立至关重要。当社会主体的认同中混杂着正式认同与非正式认同，并且基于这些认同在历史进程中形成事实上的确认、落地与占有，那么基于现实情况与条件的认同就可能成为谈判的基础。在这里，缔结合约的前提是统筹各个社会主体的预期值，唯有让全部的社会主体获得既有基础上的收益提升，缔约的关系才可能初步建立，否则既有收益降低的社会主体会反对一切既有关系的改变。

缔结合约的协调过程是复杂且漫长的，需要考量与平衡各个主体的收益诉求。缔结合约的过程往往存在紧张与冲突，结果难以预测，案例也缺乏绝对的参照系。因此，对各个社会主体讨价还价偏好的探讨在理解合约关系何以形成以及构建缔结稳定合约关系的机制时都是至关重要的（易宪容，1998：281～285）。

综上所述，关于合约，在社会中要解决的核心问题是如何约定一种社会主体能够接受的权利和利益分配机制，在促进整体收益增加的同时，通过发展权再分配提高各个社会主体的收益。这种合约在内部有助于达成社区的整体目标，也有助于共同体整体的生存，还有利于在产权内部边界模糊的情况下避免由争议带来的不便（折晓叶、陈婴婴，2005），促使各类社会主体达成对城市发展的一致性意见。

2.4　本章小结

我们注意到，既往城市规划研究学者在城市更新的历史演进研究、政策实践研究与体制机制研究等方面积累了大量成果并完成了大量的研究工作，奠定了重要的存量规划研究基础。然而，需要指出的是这些研究仍然具有以下值得拓展的地方。

第一，城市规划学者针对国外城市更新积累了重要的研究成果，但是中国的城市更新与国外的城市更新可能潜存着实施条件上的差异。如果中国的城市更新与国外的城市更新在实施条件上存在差异，那么直接借鉴或者完全借鉴的路径是否可取则有待商榷，同时这也牵涉出立足于本土经验与本土条件开展城市更新研究的必要性问题。

第二，城市更新的政策实践研究主要是从城市更新的现实诉求出发，一般具有“先试先行”的色彩，其成果属于应对问题的策略性解决方案。城市更新的政策实践研究尽管能够积累起丰富的实践经验，但是对于城市更新的制度理解仍然缺乏认知，这显然不足以应对未来潜在的一批城市都面临着从增量规划到存量规划的转型的局面。

第三，尽管城市更新规划在体制机制上基本对应着增量规划的“三层次五阶段”编制体系确定了规划结构位置，然而其与增量规划的合约结构在事实上存在巨大的差异。存量规划不仅涉及增量规划自上而下的制定过程，也包含着自下而上的多元社会主体沟通协商过程，因此针对存量规划中的城市更新规划还应该在体制机制研究的基础上具体分析其涉及多元社会主体的合约关系、合约要素与合约结果，唯有这样才能认识到城市更新规划落地的真实过程。

鉴于既有经验研究的不足，本书认为可以通过引入合约理论，甚至更进一步构建适合于分析存量规划与城市更新的合约分析框架，从制度的合约视角来重新认知城市更新，从而为我们更全面地理解存量规划与城市更新提供更为丰富的图景。

合约理论是制度研究的重要方法与路径，在社会科学领域具有悠久的历史传统。古典的合约理论实际上奠定了近代资本主义政治和经济秩序，现代合约理论又进一步深化了对于当代经济和社会的制度性分析，同样取得了突出的学术成就。在本书看来，运用合约视角分析存量规划具备着充分的可行性。从方法论层面来看，中国的城市规划拥有最丰富的经验研究素材，合约理论具有完善的解释框架，这二者的相互校验具有广阔的研究空间；从研究动态与进展层面来看，使用合约分析方法研究城市规划议题的以深圳为核心研究对象的系统性研究正在形成；最关键的是，合约视角的分析对存量规划下的城市更新具有充分的解释力，一是因为存量规划具有合约的约束属性，二是因为存量规划具有合约的不完整性属性，三是因为存量规划具有完整的合约内容与结构，即合约关系、合约要素与合约结果。

综上所述，目前学界仍然缺乏对于存量规划中城市更新的制度研究，合约理论是制度研究的重要方法与路径，同时使用合约视角解释城市更新问题与城市更新经验素材具备充分的可行性。

第 3 章

存量规划的合约分析框架

本章基于既有合约理论基础与现实案例对存量规划进行合约分析框架建构。首先，在研究思路上，我们可以从制度约束层面的缔约背景、系统组织层面的路径策略、模式层面的关系 - 要素 - 结果分析三个维度出发构建存量规划的合约分析框架。在这里，制度约束层面的缔约背景属于研究的理论结构，系统组织层面的路径策略属于研究的理论机制，模式层面的关系 - 要素 - 结果分析属于事件过程的理论解读（见图 3 - 1）。需要指出的是，理论结构是一种高层级的存在，目标是在能够覆盖整体性的同时寻找到具有典型性的案例。理论机制与事件过程的理论解读可能在研究的解释维度中具有重叠性，在一般的研究中理论机制往往被视为高于低阶社会过程的高阶理论（Stinchcombe，1991），理论机制较具有偶然性的过程解读而言需要提取出必然性的解释路径（Yeung，2019）。其次，运用合约分析框架分析具体的研究内容，一方面有助于我们认识存量规划与城市更新规划如何统合自上而下与自下而上的意见，完成规划编制并落实规划执行，另一方面也有助于我们深入理解存量规划执行过程中的内在制度性特征和制度性逻辑，尤其是城市更新规划嵌入法定规划的机制。

3.1　合约制度约束层面的缔约背景

城市规划中存量规划以及城市更新规划的发展是增量规划向存量规划制度转型背景下的政策产物，尽管从城市更新整体效果来看总的趋势是从

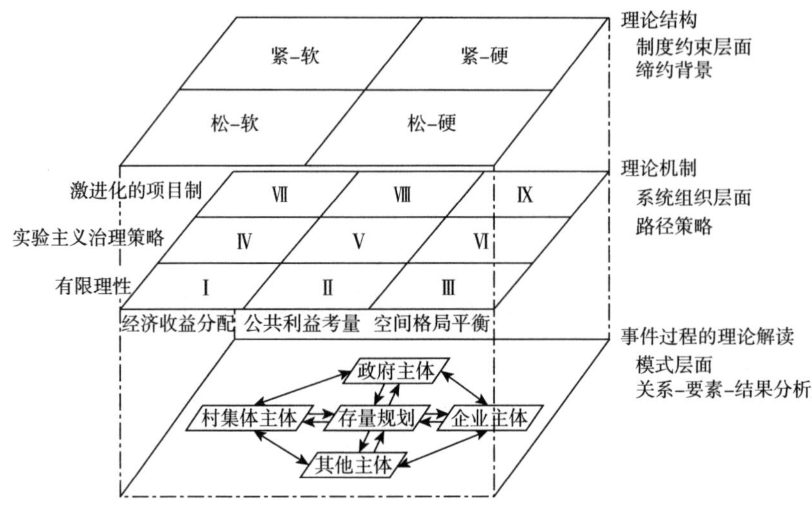

图3-1 存量规划的合约分析框架

块状管理硬约束-条状管理松约束向块状管理软约束-条状管理紧约束转型，但是前文基于制度转型提出的合约缔结背景只是对整体形势的理想化理论建构，仍需要诸多现实的个案案例来印证与检验上述分析框架。本书将通过对筛选出的典型案例进行分析，展现增量规划向存量规划转型的内在过程和因素，比如转型理念的缘起、转型意向主体、转型推动主体、转型过程中的阻力、转型过程中的博弈过程、转型过程中的协调方案等。通过对合约缔结背景的刻画与再现，一方面能够校验对转型的经验主义理解，另一方面也能够深化对转型过程的理论认知。

科尔内在短缺经济学研究中认为计划容忍下限是指上层能够接受的最低紧度，在这样的生产计划中下层无须付出任何努力即可轻松完成任务；计划容忍上限是下层能够接受的最高紧度，在这样的生产计划中员工的工作量达到饱和，机器运转到达最大负荷，总体产能也达到峰值，如果再提升计划紧度就会因为过载导致生产秩序的错乱，甚至生产宕机；正常紧度介于容忍下限与容忍上限之间（见图3-2），这一区间是在历史中形成并由社会习惯和时间固定积累下来的，是调整与反馈松紧机制适用的主要范围区间。在计划实施的过程中，上层的计划越紧，下层在执行过程中碰到资源约束时进行强制替代以及偏离计划产出的可能性就越大，唯有一个部门或者整体行业接受松与紧的计划的适当分布，才能保证该部门和整体行业有较高的概率实现计划目标（科尔内，1986：59）。

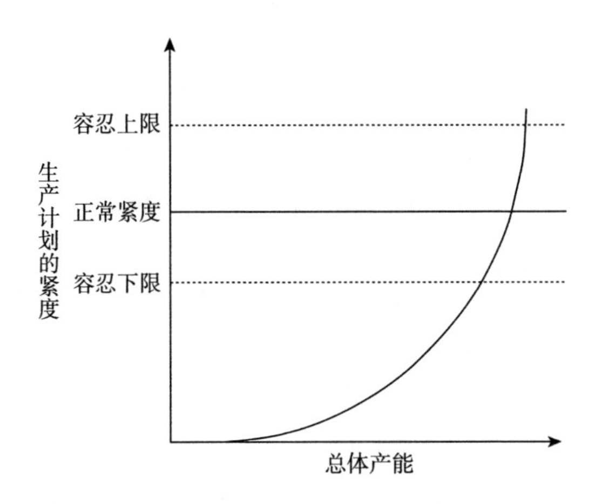

图3－2　总体产能与生产计划的紧度的关系

说明：生产计划的紧度通过碰到资源约束的频率来测量。

资料来源：根据科尔内（1986：60）绘制。

3.1.1　条状管理维度合约的"松－紧"分析

根据上文对存量规划的初步梳理，我们认为存量规划在条状管理维度体现着合约的"松－紧"属性。"松－紧"合约属性根本上来自自上而下的决策：第一，当上级制定的条件或指标对下级来说达到或完成没有困难，下级在合约执行过程中不面对资源约束情况就能完成，甚至超额完成任务时，上级与下级制定的合约不需要下级全负荷运转，也未对下级工作构成挑战，属于"极端松合约"；第二，当上级制定的条件或指标对下级来说达到或完成有困难，下级部门在合约执行过程中大概率会碰到资源约束的边缘，但是下级通过采取一系列具体措施，比如强制替代、跨时调整、加班、突击赶工等能够完成任务时，合约属于"变紧的合约"；第三，当上级制定的条件或指标对下级来说无法达到或完成，下级在合约执行过程中时刻处于资源约束的高位状态，虽然采取了一系列补救性措施，但最终仍然无法实现预期时，合约属于"极端紧合约"。

改革开放以来，从总体上讲我国的城市建设用地一直处于蔓延式增长状态，针对建设用地蔓延以及其间接引发的"城市病"，国家层面逐渐开始收紧对城市空间的约束。一是基本农田红线，从20世纪90年代开始，我国就已经在划定基本农田保护区、开展基本农田的面积和质量的保护工作了。1994年，国务院颁布了《基本农田保护条例》，1996年，国家土地管理局和农业部制定了《划定基本农田保护区技术规程（试行）》，2006年发布的《中华人民共和国国民经济和社会发展第十一个五年规划纲要》明确提出18亿亩耕地是具有法律效力的约束性指标，是不可逾越的一道“红线”，正式确立了基本农田红线制度，形成了基本农田治理空间管控的有效制度（聂庆华、包浩生，1999）。二是城市开发边界，2006年建设部颁布的《城市规划编制办法》首次提出了城市总体规划纲要应研究“中心城区空间增长边界”与说明“建设用地规模和建设用地范围”。2008年公布的《全国土地利用总体规划纲要（2006—2020年）》进一步提出了加强城镇建设用地扩展边界控制，鼓励城市存量用地深度开发。2013年，中央城镇化工作会议要求尽快确定特大城市开发边界，保留绿水青山。城市开发边界逐渐成为城市规划领域国土空间管制、城乡建设管理、保障粮食安全、保障生态安全等的政策工具（林坚、刘乌兰，2014）。三是生态保护红线，2011年，我国首次提出了“划定生态红线”战略性任务（国务院，2011），2014年，环境保护部颁布的《国家生态保护红线——生态功能红线划定技术指南（试行）》为生态保护红线落地提供了技术纲领。生态保护红线通过强制手段加强了我国生态保护的政策导向与决心（高吉喜等，2012），目前严守生态保护红线已升为国家战略，成为生态文明建设的重要措施。如上所述，基于基本农田红线、城市开发边界、生态保护红线等，国家正在形成越来越紧的管控与约束。未来，“四界线内全落实、界内控规全覆盖、界外控规不许编”将成为指引规划体系的重要原则（林坚等，2017）。因此，存量规划实际上是上级政府在条状管理上对指标的“松－紧”约束行为。

3.1.2 块状管理维度合约的“软－硬”分析

根据上文对存量规划的初步梳理，我们也认为存量规划在块状管理维度体现着合约的“软－硬”属性。存量规划时代下推进的规划方案与增量规划时代下推进的“控规大会战”“控规全覆盖”的运行过程和运行机制截然不同。以拆除重建类城市更新单元规划为例，其全部流程管理可以分为“三阶段十三个环节”。在城市更新单元规划制定阶段，由市政府制定的城市更新单元五年计划在宏观层面划定了全市城市更新总体规模和空间范围，项目需要经区政府批准立项纳入城市更新年度计划。项目可以由权利主体自行申报，也可以由权利主体委托单一市场主体申报，还可由市政府和区政府部门主导申报，一般而言权利主体自行申报与权利主体委托单一市场主体申报占据主体。在这里我们可以看到，政府的地位与角色逐渐转至宏观，项目主要由权利主体与市场来推进。这种存量时代“自下而上的规划意愿”与增量时代“自上而下的规划指令”形成鲜明的对比。在城市更新单元规划编制与审批阶段，城市更新单元规划由项目申报主体自行委托市场中具有相应资质的规划编制机构进行编制。政府仅负责城市更新单元规划的审批，扮演“守夜人”的角色，最后在会同区城市更新与土地整备局、发展和改革局、经济促进局、教育局等部门以及市建筑与环境艺术委员会进行意见交流后直接公示和批复规划。这种存量时代的“自主式规划－反应式审核”与增量时代的“委托式规划－上车补票式审核”也形成了鲜明的对比。在城市更新项目实施与监督阶段，项目申报主体需要进一步制定搬迁补偿方案、建筑物拆除进度安排等，同时所有权利主体需要通过规定的方式将房地产相关权益转让给单一主体。未来，政府会以该单一主体作为申请项目实施必要条件并与其对接。这种存量时代的“产权矛盾内部化”与增量时代的“产权矛盾外部化”形成鲜明的对比（见表3－1）。综上所述，本书可以通过合约的“松－紧”与“软－硬”属性来分析存量规划制定与执行的条状管理背景和块状管理背景。

表3－1　概念化理解下存量规划与增量规划的合约“软－硬”属性分析

阶段/合约特性	存量规划	增量规划
规划制定	自下而上的规划意愿	自上而下的规划指令
规划编制与审批	自主式规划－反应式审核	委托式规划－上车补票式审核
项目实施与监督	产权矛盾内部化	产权矛盾外部化
整体合约“软－硬”属性	偏软合约	偏硬合约
合约后果	共赢动机	越轨动机

为了更进一步理解合约的“松－紧”与“软－硬”属性，针对城市规划研究中的产权理论，我们将规划方案所涉及的产权视为“一束权利”，即认为产权界定了产权所有者对资产使用、资产带来的收入、资产转移等诸方面的控制权，为人们的经济行为提供了相应的激励机制，从而保证了资

源分配和使用的效率（周雪光，2005）。城市规划的理论研究中的产权包括众多要素，一般可以具体细化为占有权、使用权、处置权和收益权（李江，2020：22；郭旭等，2015）。

条状管理维度合约的“松－紧”属性来自自上而下的决策，表现为上级对下级或者对执行的指标控制，体现的是产权的制度弹性，在产权理论中涉及的是占有权和使用权的分配问题；块状管理维度合约的“软－硬”属性来自地方政府推动执行的策略，表现为规划管理单位具体的执行手段与执行力度，体现的是通过谈判方式对处置方式进行的选择以及利益的调节，在产权理论中涉及的是处置权和收益权的分配问题。条状管理维度合约的“松－紧”属性与块状管理维度合约的“软－硬”属性调节着产权中具体的占有权、使用权、处置权、收益权，决定了项目的具体执行情况。综上所述，合约理论下的存量规划在理论结构上就是通过两条约束关系轴组合形成的四种约束象限调节着两组权利的，如图3－3所示。

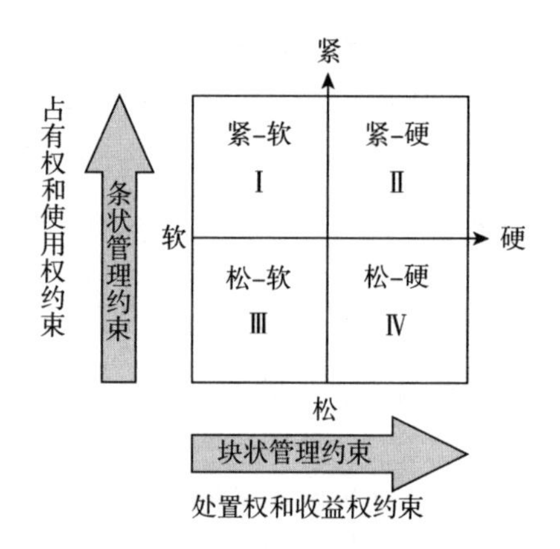

图3－3　条状管理“松－紧”约束与块状管理“软－硬”约束的组合示意

3.2　合约系统组织层面的路径策略

3.2.1　城市规划研究从“不完全－完全”合约理论拓展至“不完整－完整”合约理论

通过制度研究城市规划具有重要的意义，合约理论是制度研究的重要工具。合约理论的基本预设主要有两条线索，一是合约的缔结是否存在合约成本与不确定性等因素，二是合约确立后其是否能够依照合约内容得到严格执行（刘世定、李贵才，2019）。在合约的“不完全－完全”理论中，合约的不完全性是指缔约主体之间未能针对未来各种复杂情形形成完备的应对方案，因此在合约实施过程中发生了合约内容未曾预料到的情形；合约的完全性是指缔约主体之间应对未来各种复杂的情形形成完备、覆盖各种情况的应对方案。由这两个概念可知，新制度经济学是从时间维度入手来拓展合约理论的。

如果以制度的视角将城市规划视为一项合约，那么城市规划研究就能够围绕合约主体对于特定方案的认同态度比重延伸至合约的“不完整－完整”理论。合约的不完整性意味着合约在制定过程中未收集到所有权益主体意见就推行而出，相反，合约的完整性意味着合约涉及的所有权益主体对于方案持一致认可态度。合约的不完整性会导致规划方案运行中潜藏着制度摩擦与制度阻力，简单地讲，城市规划所涉及的模糊（未表态）意见越多，城市规划的完整性也就越弱，城市规划所涉及的不认同意见越多，那么城市规划的不完整性也就越强。需要指出的是，合约的“不完整－完整”理论在城市规划研究中具备更广阔的应用空间，一方面，城市规划的实施涉及多元社会主体，由于获得多元社会主体一致认可需要付出高昂的社会成本，因此现实中的城市规划往往潜藏着合约的不完整性；另一方面，当城市规划存在较强的不完整性并被执行时，就会出现现实场景中规划落地难甚至无法实施的情形。

需要指出的是，城市规划的“不完整性－完整性”有可能与“不完全性－完全性”产生交织，并产生4种理想类型，分别是：“完全性－完整性”“完全性－不完整性”“不完全性－完整性”“不完全性－不完整性”。值得注意的是，一方面，在城市规划的研究中，针对规划的不完全性，实际上由城市总体规划和土地利用总体规划的有效年限限制着预期风险。根据《中华人民共和国城乡规划法》，城市总体规划的规划期限一般为20年；根据《中华人民共和国土地管理法》，《土地利用总体规划》的规划期限由国务院规定，15年较为常见，2020年开始施行的《市级国土空间总体规划编制指南（试行）》规划目标年为2035年，期限也是15年。另一方面，增量规划时代背景下的“控规大会战”与“控规全覆盖”带来的规划方案频繁调整现象已经一去不复返了。以深圳市为代表的城市进入存量规划时代以后，“不完全－完全”理论已经不再是规划方案的核心影响与解释机制。在存量规划时代，自上而下的规划方案制定执行方式与自下而上的居民个体对规划方案的认同持续产生着张力，甚至随着《中华人民共和国物权法》（已被自 2021 年 1 月 1 日起开始施行的《中华人民共和国民法典》取代）、《中华人民共和国文物保护法》、《中华人民共和国环境保护法》等对于个体权益保护更加重视和保护意识崛起，社会自下而上的权利意识与维权行动力也逐渐形成，这种情形可能进一步加大上述张力。综上所述，存量规划时代背景下，合约的“不完整－完整”理论成为解释城市更新的核心机制，因此本书将沿着合约的“不完整性－完整性”路径开展理论建构与案例讨论。

在本书中，我们认为存量规划的不完整性可以分为两个维度进行分析，一个是机制维度，另一个是修复维度。机制维度反映的是主要社会主体在历史进程中落实方案的局限性，该局限性方案持续地影响着当下各个社会主体认知格局，但是并未达到能够汇聚各个社会主体力量修复合约不完整之处的程度。修复维度包含促成各个社会主体实现一致认同的立场或策略，这些立场或策略是多元社会主体参与沟通和协调的平台。特定的立场或策略能够促进各个社会主体的发展权再分配，消除合约的不完整性。具体而言，机制维度涉及行为主体先赋性禀赋的有限理性、行为主体寄希望于其上的实验主义治理策略以及行为主体可能依托的激进化的项目制，修复维度具体涉及需要理顺的经济收益分配，又涉及城市的公共利益考量以及区域层面的空间格局平衡。可以通过以上两个维度分析存量规划的形成，进而认识如何通过一致的目标来弥合既往法定规划与非法定规划之间的张力，最终实现对“天窗区”与“留白地”在规划层面的法定覆盖，实现从“不完整”规划到形成基于一致认同的“完整”规划的转变。在现实场景中，造成每个案例的不完整性的因素都不尽相同，同时不完整性问题修复的周期也是长短存异，但是我们仍然能够通过把握存量规划的不完整性维度来概括案例凸显的特征，这种概括过程对于我们认识存量规划产生问题的原因以及未来分析对应类型的存量规划政策具有重要的意义。

本书认为对于机制维度与修复维度所解释的存量规划从不完整性到完

整性的转变可以通过临界质量模型来加深理解（见图 3－4）。如果我们将存量规划视为一项社会性规划，那么我们就可以通过把握临界点来实现多元社会主体的参与与认同（谢林，2005：71～89）。理想的城市规划方案需要获得全部社会主体的认同，即成为完整的城市规划。存量规划相较于增量规划需要纳入并协调多元社会主体来获得社会主体对规划方案的认同与配合，在这个过程中既往城市规划所积累的问题也就是不完整性机制维度会阻碍部分社会主体的认同，这时就需要构建容纳所有相关社会主体的平台也就是不完整性修复维度，满足他们的利益诉求与实现利益平衡。

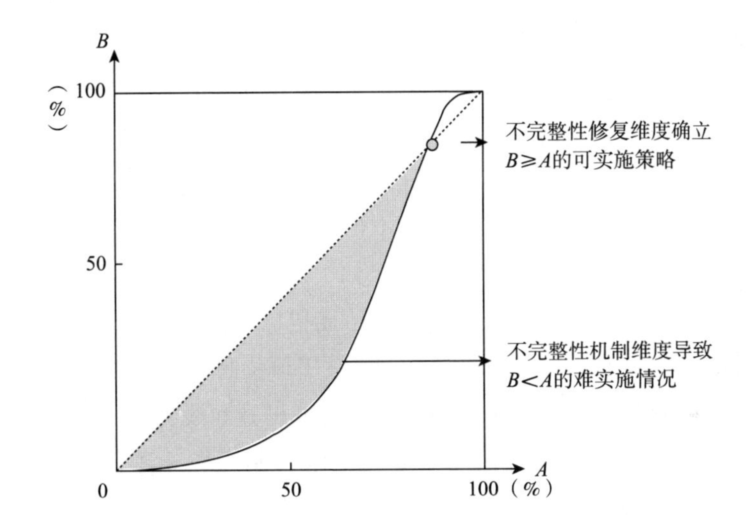

图 3－4　存量规划从不完整性到完整性转变的临界质量模型

说明：A 为存量规划容纳的相关社会主体占全部相关社会主体比重，B 为配合参与的社会主体占全部相关社会主体的比重。

3.2.2　存量规划的不完整性机制维度

在存量规划不完整性的机制维度中，有限理性是规划不完整性的根源，实验主义治理策略是规划不完整性的现实性因素，激进化的项目制是规划不完整性的结构性因素。

有限理性是规划不完整性的根源。西蒙通过有限理性描述真实世界的个体决策，个体禀赋异质性、信息收集不对称性、知识经验的局限性等问题综合导致完全理性的行为是不可能实现的，因此有限理性也为预测结果带来了众多不确定性和随机偏差（Simon，1945：80）。有限理性指明即便政策制定者竭尽所能来完善规划政策，也仍然不可能满足或者覆盖所有层次、所有群体以及所有个体的利益诉求。

实验主义治理策略是规划不完整性的现实性因素。实验主义治理策略本质上是递归决策产物，虽然有统一的政策目标，但是行动主体相对独立甚至存在竞争关系。行动主体可能充分集聚内在力量实现“集中力量”办大事，也可能最大化外在资源效用，总之会通过分散决策或者策略性互动实现最优绩效目标（Sabel and Simon，2011）。实验主义治理策略主张在保障主体方向不变的同时灵活调整治理方案并积极探索和试验新的政策工具，一方面最大限度汲取政策红利，另一方面尽力避免改革硬着陆（韩博天，2009）。需要指出的是，尽管实验主义治理策略能够给转型社会带来良好治理绩效，但是过分依赖实验主义治理策略可能会带来超越政策底线的行为，负面化社会印象。

激进化的项目制是规划不完整性的结构性因素。项目制是在政府财政体制的常规分配渠道和规模之外，通过上位计划、规划和指引等以专项化资金形式进行资源配置的制度（周雪光，2015）。项目制的主要运行方式是科层制中的上级单位或者市场中的甲方“发包”或招标，科层制中的下级单位或者市场中的乙方“抓包”或投标。项目制突破了单位制所代表的科层体制束缚，又抑制了市场体制所造成的分化效果，有效地提升和改善了民生工程质量与公共服务（渠敬东，2012）。然而激进化的项目制可能导致企业与地方政府的共谋，比如地方政府积极拓展“政治经营”业务，夸大招商引资绩效，盲目打造政绩工程（黄宗智等，2014）。就我国的城市规划而言，项目制造成宏观上城市化进程逐步脱离客观原则，呈现冒进态势（陆大道，2007）；中观上各层级政府大兴土木，频繁制造新区（周飞舟，2010）；微观上城镇的控制性详细规划突破城市总体规划，捆绑城市总体规划的发展方向与思路，并导致城市整体空间失控与无序（周丽亚、邹兵，2004）。

3.2.3 存量规划的不完整性修复维度

在存量规划不完整性的修复维度中，微观层面中经济收益分配始终是规划方案的中心内容，中观层面中地方政府需要考量城市整体的公共利益，宏观层面中区域需要平衡“生产－生活－生态”的空间格局（见图 3－5）。

经济收益分配始终是规划方案的中心内容。存量规划既涉及产权明晰

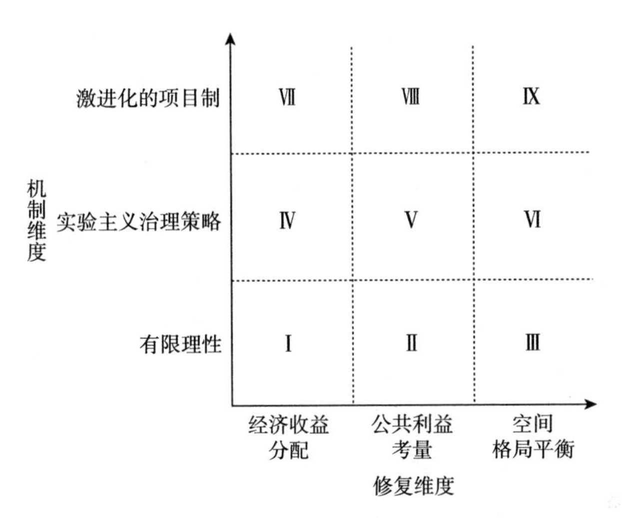

图3－5　存量规划的机制维度与修复维度分析

的国有建设用地和国有再开发土地，也涉及产权模糊的城中村土地与小产权土地等，这些土地经改造都能够通过重新进入土地市场再次产生土地增值收益，且收益会获得超预期分配（张泽宇等，2019）。目前，相关各方围绕存量规划下的土地自然增值已然形成共识，但是关于其外部影响因素以及权重确定等细节尚无全国层面统一的规范与标准（朱道林，1992）。面对产权认知的不一致性与分配要素的不确定性，地方政府很难通过自上而下的制度设计界定权利边界与收益分配方案，相反会积极推动协调博弈模式下的多元合作互动（郭旭、田莉，2018），在这里合作互动的核心就是权益主体之间关于经济收益的分配方案。

地方政府需要考量城市整体的公共利益。地方政府的公共利益考量很大一部分体现在通过公共基础设施布局获得城市居民认同。在城市规划中，市政基础设施如供水、燃气、电信等能够通过网络布局的方式较容易地实现市域全覆盖，但是如教育、医疗、文体、商业等事关居民基本生活质量的社会性基础设施一般仅以点状辐射形式存在，因此社会性基础设施布局成为衡量资源分配平等性与社会公正性的关键（郭旭、田莉，2018）。地方政府为了实现公共利益最大化，需要维持公共资源均衡，通过维护空间公平与空间正义，提高整体城市居民幸福感。

区域需要宏观平衡“生产－生活－生态”空间格局。党的十九大报告要求“统一行使所有国土空间用途管制和生态保护修复职责”，并“像对待生命一样对待生态环境，统筹山水林田湖草系统治理”。因此，新一轮的国土空间规划是在国家发展意志和发展目标指引下、在自然承载力和社会经济发展基础约束下，对综合地理格局进行动态优化的方案，其主体功能区战略也应当通过自下而上的自然承载力评价与自上而下的空间结构有序性分析，采用综合地理区划的方法、遵循可持续地理过程和地理格局的要求，在大空间尺度——全国层面形成主体功能区划方案，形成长远未来国土空间开发保护格局以及“生产－生活－生态”三生空间的配置方案（樊杰，2019）。因此，存量规划也需要在区域层面保持城市化空间、成熟发展空间、潜在改造空间、生态安全空间、文化保护空间等的整体动态平衡，实现宏观效益与价值最优。

在深圳过去执行城市规划的过程中，尤其在推行法定图则的过程中，可能会遇到城市的法定规划与农村集体实际占有的冲突，也就是“法定认知”边界与“社会认知”边界的冲突。在这种情况下，政府往往面临着上位诉求、发展诉求以及公共利益诉求需要推行某区域的法定图则，但是区域中存在的村民与村集体由于经济与历史等诸多原因反对城市规划方案落地，使得法定图则面临无法编制、无法审批以及无法推行的情况。因此，政府在制定法定图则的过程中往往采取规避性策略，以集体土地实际管理边界为界线，在区域范围内的法定图则中划定空间上的“天窗区”，同时对应空间上的“天窗区”制造配套政策上的“留白区”，针对“天窗区”仅明确用地面积和配套设施规模，对用地性质、功能布局、容积率、路网结构等不做强制性规定，待城中村改造方案确定后再通过法定图则个案调整程序将这些内容补充至已有的法定图则当中。存量规划以补丁方案的策略修复城市规划，使其获得完整性，一方面保障了城市规划作为一项合约自上而下执行的贯通，弥合了规划方案与规划执行的张力；另一方面通过有机的制度嵌入性方案，避免了由法定规划频繁调整导致的规划严肃性降低问题。

3.3 合约模式层面的“关系－要素－结果”分析

存量规划推行的原因既有时代背景的召唤，也有规划制度内在的发展诉求，但是它的落地一定是建立在城市更新单元范围内所有权利主体对利益分配认同的基础上的。增量规划时代相对简单的“拆迁－补偿”方案，既没有落实所有权利主体的权利与义务，又将受益方案锁定在单一的货币补偿方案上，结果导致多元主体沟通与谈判过程中摩擦不断升温。存量规划尤其是城市更新规划要想在现实场景落地，势必要在公共利益捆绑责任与多元化指标激励上双轨并行，全局统筹所有权利主体的收益分配。

围绕着存量规划中合约的关系、要素与结果，我们可以在每一个案例中进一步分析存量规划中的事件与过程，也就是存量规划的模式。一般而言，存量规划的模式可以表现为各个社会主体围绕存量规划表达利益诉求，然后又通过存量规划获得收益（见图3－6）。在这个过程中，各个社会主体的利益诉求关注点既有可能彼此兼容，又有可能相互冲突，各个社会主体在存量规划方案制订的过程中通过不断地进行社会化沟通协调以及技术性指标转换等，维持着彼此间关系的存续，并最终找到各个社会主体之间的收益平衡点，这个平衡点的正式化合约表达就是存量规划方案。

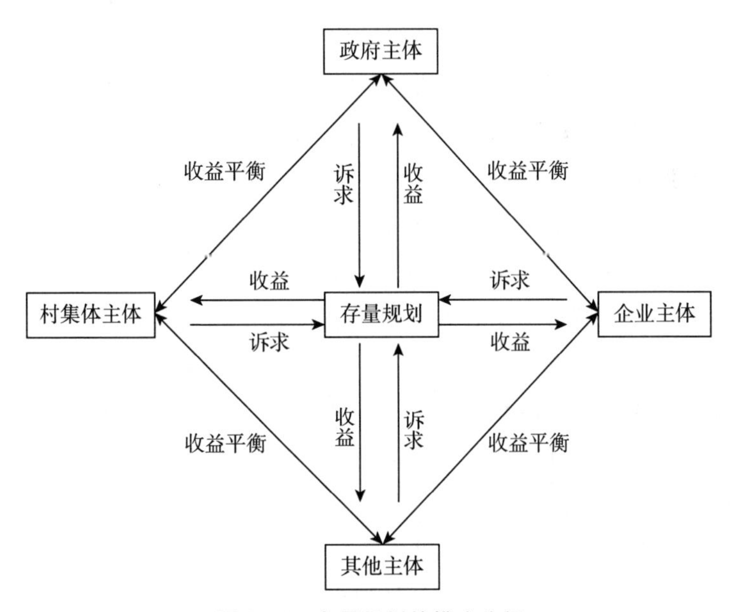

图3－6　存量规划的模式分析

需要指出的是，“社会主体”只是本书构建的代表个体集合意见的概念，因此在现实案例分析中可能存在着社会主体内部的沟通与协调过程，比如政府主体内部不同层级与不同部门之间关于立项与审批的相互协调、村集体主体内部一部分村民与另一部分村民之间关于经济收益的相互协调、企业主体内部一部分管理人员与另一部分管理人员关于投资决策的相互协调等。

3.4 典型性案例选择

存量规划与既往很多能够模块化生产的增量规划相异，城市更新案例与案例之间往往呈现形态异质性。在现实场景中，尽管深圳的存量规划政策在管理层面努力构建完整的政策体系，在城市更新领域更是进一步被细致划分为综合类政策、专项规定类政策、技术标准类政策与操作指引类政策，但是具体到个案层次，每一个个案中的执行与结果都可能大不一样。尽管谈判存在底线，然而每一个个案从合约的视角来看，不论是宏观层面的缔约背景还是中观层面的路径策略抑或是微观层面的关系、要素、结果等又都存在差异。简言之，城市更新案例具备独特性特征。

为了确保存量规划合约分析框架对案例的解读具备指引性，需要保障研究的案例具备典型性。根据研究的目的，案例研究可以分为内在性案例研究、工具性案例研究、集合性案例研究（Stake，2005：443－466）。内在性案例研究是由对案例原始兴趣推动的研究，工具性案例研究是服务于研究目标与研究内容而筛选案例的研究，集合性案例研究是在工具性案例研究的基础上进一步通过案例叠加或者案例优化重组完整认识事件总体情况的研究。在案例数量上，内在性案例研究与工具性案例研究一般只针对单个案例进行研究，集合性案例研究往往都会整合多个案例进行研究。需要指出的是，案例的选择始终存在着特殊性与普遍性之间的连接问题，当代的研究越来越无法通过单一案例的描述与分析展现事件全貌，因此案例的选择越来越需要方法论层面的支撑。

在学术研究历史进程中，许多经典著作是对单个案例的深入分析。一般人类学与文化社会学对只采用单个案例进行研究极为热衷，比如马凌诺斯基的《西太平洋的航海者》对新几内亚东部南马辛地区特有活动与仪式的研究（Malinowski，2005）、米德的《萨摩亚人的成年：为西方文明所作的原始人类的青年心理研究》对萨摩亚地区青春期少女生活和家庭风俗的研究（Mead，1928）、格尔兹的《尼加拉：十九世纪巴厘剧场国家》对巴厘岛政治生活的考察等（Geertz，1980），都对学术界产生了重大影响。

然而伴随着学术研究对于典型性问题反思的深入，使用单个案例在当下开展研究面临着越来越大的风险。针对案例的典型性问题，定量研究基于统计学原理，运用抽样的系统性手段拓展出统计概括的技术路径。定性研究存在两条路径，一是开展基于普遍主义研究思想的类型学研究，对案例进行枚举；二是根据已经建构完善的理论模板，挑选结构性位置并放置案例进行分析（Yin，1994：1-17）。上述两条路径的发展逐渐拓展出了分析性概括技术路径。统计概括的优势在于通过样本结论推断总体特征，而分析性概括的优势在于辅助与校验理论的建构（卢晖临、李雪，2007）。

类型学研究的代表是费孝通对中国社会的研究，《江村经济》是基于费孝通博士学位论文与英文著作翻译而成的。费孝通的博士学位论文题目是《开弦弓：一个中国农村的经济生活》（Kaihsienkung：Economic Life in a Chinese Village），英文版书名进一步更新为《中国农民的生活：长江流域乡村生活的田野研究》（*Peasant Life in China*：*A Field Study of Country Life in the Yangtze Valley*）（Fei，1939）。英文版图书的更名昭示了费孝通研究中国整体社会的抱负以及可能采取的类型学研究方法，他试图“逐步从局部走向整体”，进而逐步接近了解“中国社会的全貌”（费孝通，1996：34），简言之就是通过枚举村庄尺度案例或更高层级单元尺度案例来认识事件与事物整体。事实上费孝通后续的研究路径确实如此，在研究完工农相辅的江村以后，他的研究团队又陆续开展了一系列研究，发表了描绘内地农村农业形态的《禄村农田》（费孝通，1943）、表现手工业发达形态的《易村手工业》（张子毅，1943）、介绍商业气息深厚的玉村的《玉村商业和农业》，并将它们集合成为《云南三村》（Fei，Chang，1945）。进入晚年以后他进一步调整和优化了研究尺度，陆续推出了对苏南模式、温州模式、珠江模式、侨乡模式等的系列研究（费孝通，1995）。需要指出的是，类型学研究范式在方法论层面潜存着案例枚举缺乏极限与终点的问题，因此类型学研究的方法也被批评者称为“典型的人类学谬误”（Freedman，1979：383）。

基于理论模板在结构性位置放置案例的路径，其研究逻辑建立在事件整体与节点案例存在紧密的内在关系，同时这种关系的变动能够影响甚至改变事件整体格局的基础上（Oliver，2001）。首先，“整体”被定义为具有范围边界的网络，“案例”是范围边界内部的节点，网络与节点之间的联系是“整体”与“案例”的关系。其次，由于关系的存在，触及一些节点可能会引发整体网络的联动，触及关键节点可能导致整体网络的形变（王富伟，2012），因此把握一组关键节点就可以形成对事件整体的概括性认知。总之，基于配适性较高的理论模板以及节点案例的解读能够帮助实现对整体的认知。

城市更新案例中每一个案例都具备独特性特征，这与社会中每个行动者个体都具备个体性特征不谋而合。在地理学界，哈格斯特朗就是通过构建时间地理学理论模板来认识特定时空范围内人类的活动规律的，他开创性地运用路径、棱柱、制约等概念（柴彦威，1998），把人类的行为描述为行动者为了满足个体性需求，在制约性条件下有目的地利用空间资源与时间资源开展活动。

本书根据缔约背景在制度约束层面构建了条状管理“松－紧”约束与块状管理“软－硬”约束两个维度划分的四个理想化区间，我们可以将具体的案例放置到这四个区间中进行分门别类的分析。结合存量规划与城市更新规划的实际情况，我们将“紧－软”约束合约操作化为大冲案例、“紧－硬”约束合约操作化为南头古城案例（Ⅰ）、“松－软”约束合约操作化为沙河案例与南头古城案例（Ⅱ）、“松－硬”约束合约操作化为大沙河案例（见图3－7）。需要指出的是，本书认为南头古城案例具有约束的“二元性”，也就是既具有“紧－硬”属性又具有“松－软”属性，为了案例研究分类讨论的方便，我们仍对南头古城案例开展以完整案例为线索的讨论。本书后续的研究章节将具体安排为：“紧－软”约束下的大冲案例分析、“松－软”约束下的沙河案例分析、“松－硬”约束下的大沙河案例分析、“紧－硬”与“松－软”二元性约束下的南头古城案例分析。

在这里必须指出的是，基于制度约束框架构建的“紧－软”约束合约、“松－软”约束合约、“松－硬”约束合约、“松－软”约束合约是一种理想类型，现实世界案例可能并不会与之严丝合缝地对应，制度约束框架更大的作用是帮助人们运用极限思维理解贴近理想类型的案例。当然，考虑到现实世界案例的资料可获取性、可解读性与分析便利性等，一些案

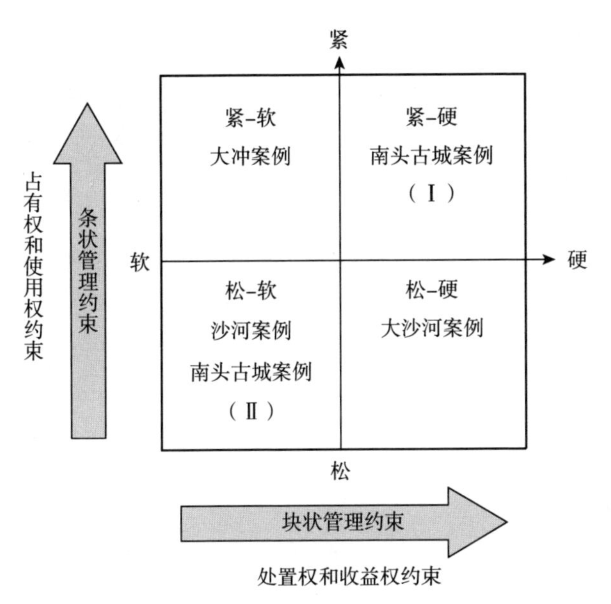

图3-7　基于制度约束框架的典型案例选择

例可能在理论维度上存在着部分重叠与旷量，比如南头古城案例在两个区间都存在。需要指出的是，正是由于南头古城案例中经验现象与经验问题在两个区间共同存在，所以才有可能推动和完善本书所构建的合约分析框架。

3.5　本章小结

本章基于既有合约理论基础与现实案例对存量规划进行合约分析框架建构。具体分别从制度约束层面的缔约背景、系统组织层面的路径策略、模式层面的关系-要素-结果分析出发形成了适合于存量规划分析的合约分析框架。

本章认为，在具体的研究中可以针对合约的缔约背景，分别开展条状管理维度合约的“松-紧”分析以及块状管理维度合约的“软-硬”分析；基于城市规划研究具备从“不完全-完全”合约理论拓展至“不完整-完整”合约理论的理论生长力，可以针对合约的完整性获得与修复路径分别开展存量规划的不完整性机制维度分析与修复维度分析；根据存量规划的一般化模式分析，可以针对具体案例的合约系统机制进行更加具体的模式表达。综合上述分析，本章又基于定性研究的典型性原则筛选了具体案例，也就是大冲案例、沙河案例、大沙河案例和南头古城案例。

第 4 章

“紧 - 软”约束下的大冲案例分析

4.1 大冲案例前期规划与背景

2011 年编制完成的《深圳市南山区大冲村改造专项规划》属于典型的“紧 - 软”约束下的存量规划，我们将其与围绕其展开的城市更新活动简称为“大冲案例”。大冲案例区域在空间上坐落于 2006 年获批的《深圳市南山 07 - 03［高新区中区东地区］法定图则》范围内，规划内容是对 2005 年获批的《南山区大冲村旧村改造详细规划》进行图斑填充。

《南山区大冲村旧村改造详细规划》当时明确了以下内容：第一，大冲案例区域的城市更新实行整体改造、就地安置；第二，代表村集体利益的 DC 公司为指定改造主体；第三，大冲案例区域城市更新改造后不再考虑工业用地的就地补偿问题，现状工业企业由南山区政府根据区内工业园区具体情况另行择址安排。大冲案例区域在《深圳市南山 07 - 03［高新区中区东地区］法定图则》中的定位是深圳市高新技术产业园区生活配套基地和与深圳市整体城市形象及高新园区形象相适应的城市居住区。

需要指出的是，尽管《南山区大冲村旧村改造详细规划》与《深圳市南山 07 - 03［高新区中区东地区］法定图则》均获得了深圳市城市规划委员会全票通过，然而这两部规划整体思路仍然秉持着自上而下的规划视角并是运用增量规划的技术路径完成的，整体规划方案实际上搁置了大部分村民与村集体主体的经济诉求，因此这两部规划在获得批准后一直未能推行并付诸实践。

事实上，深圳市政府对大冲案例区域的关注始于1995年。1995年，深圳市政府就曾经计划统征大冲村土地作为深圳科技工业园的中区，但是这样的规划愿景在前期工作中便遭到了村民反对。1998年，深圳市政府首次将大冲村纳入城市旧村改造规划，并委托深圳市城市规划设计研究院编制了《深圳市大涌旧村改造规划》（大涌村为大冲村的旧称）。2002年，大冲案例区域旧村改造再次被深圳市政府列为旧村改造项目的重要试点项目，深圳市政府委托深圳市城市规划设计研究院编制了上文提及的《南山区大冲村旧村改造详细规划》，该规划在2005年获得了城市规划委员会建筑与环境艺术委员会第一次会议的通过。

4.2 大冲案例缔约背景改变

进入21世纪以来，深圳市关内地区的土地资源日益紧张，城市建成区几乎达到饱和状态，建设用地规模增长也濒临极限。2005年，时任深圳市委书记指出深圳市的土地开发强度已经接近50%，远超30%的国际警戒线，同时也提出了深圳市在土地、资源、水与环境方面的“四大难以为继”问题（李斌等，2016）。从2005年起，深圳的规划开始由增量用地开发模式正式转向城中村存量用地的再开发模式，针对城中村的政策也开始密集出台。在规划实践层面上，政府迫切希望以一个标杆性项目为契机，一方面实现关内地区土地利用的提质增效，另一方面也凭借存量规划的实施提升关内地区核心地带老旧片区的城市形象。因此，就大冲案例的规划实施背景而言，它是在深圳市关内建设用地指标逐渐成为硬约束，政府主体进一步将规划发展目光转向既有的“天窗区”与“留白地”的背景下，通过明确既有“天窗区”与“留白地”内部的占有权和使用权，发掘城市存量空间。在具体的执行过程中，为了提高村集体和企业主体的积极性，政府主体只能通过简化处置权与让渡部分收益权的方式，增强项目的可实施性与加快项目的实施进度。需要指出的是，深圳市政府积极主动的姿态决定了政府主体在规划方案编制过程中诸多管理层面与利益层面的让步，即主动软化块状管理的约束条件（见图4-1），典型事件即为

“南头直升机场事件”。

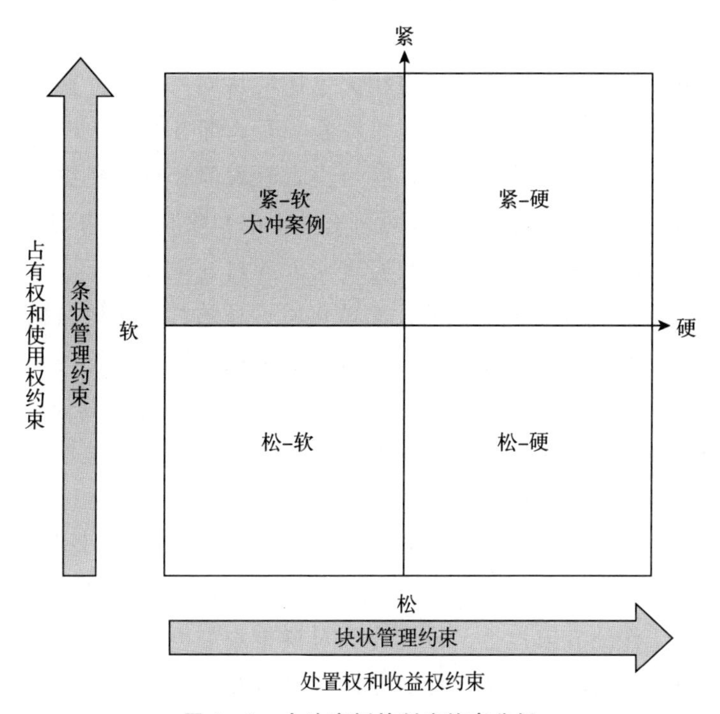

图4-1 大冲案例的制度约束分析

在大冲案例项目执行的过程中，政府主体为了加快项目推进，在涉及航空限高的议题上主动做出了适应性调整。此次为了全力保障大冲案例的建设推进，深圳市规划和国土资源委员会先行对该项目中润府地块核发了建设工程规划许可，先行对润府二期地块核发了方案设计核查意见和施工图技术核准复函，先行对05街区（除05-07地块外）核发了方案设计核查意见。同时，深圳市规划和国土资源委员会还特别请示深圳市发展和改革委员会尽快提供南头直升机场搬迁选址的深化研究成果，请示深圳市政府尽快研究确定南头直升机场搬迁选址方案，加快推进机场搬迁工作。为了不耽误当期大冲案例的工程进展，深圳市规划和国土资源委员会建议在机场搬迁前，除深南路两侧300米范围内的标志性建筑外，保障其他地块工程进展，允许其余地块按照建设用地规划许可证中建筑限高要求及建筑设计方案办理建设工程规划许可手续并进行建设。

4.3 大冲案例路径策略调整

大冲案例的建设推进涉及利益相关主体的认同与配合，就当时情况而言，尽管政府主体希望积极推进城市更新项目，部分企业考虑到大冲地区优越的区位条件也愿意进驻开发，但是代表着大部分村民利益的村集体主体却认为制定与实施规划之前需要就现有的情况和政府主体再沟通探讨。

改革开放以来深圳市南山区政府曾向大冲村征地多次，征地面积约占大冲村原始总面积的97%。此外，农城化后返还的红线用地面积未达到政策标准，基层也存在一些情绪。由于历史上土地政策的执行问题，大冲集体实际占有无权属资料用地超过1万平方米，且这些土地与其他产权类型的土地交织在一起。大冲村的交通条件改善使其区位变得日益重要，增值空间成为推动村民进行补偿谈判的重要因素。另外，大冲村在历史进程中积累了很大的建筑总量，村民认为应以当时既有建筑总量为补偿依据。因此，大冲案例以前的规划方案的不完整性在机制维度体现为历史进程中“统征”及后续相关工作的有限理性，导致村民对城市规划方案的情绪化理解、实际土地产权的模糊状态、既有规划方案对于所在地区区位效应的低估以及对既有建筑格局进行适当处理的政策依据的缺乏。基于机制维度的原因，大冲案例以前的规划结果就是政府主体希望推进、企业主体处于市场观望期、村集体主体要求大比例的补偿。政府主体、村集体主体与企业主体之间分立的利益诉求使得既往规划方案难以落地。

为了消除政府主体与村集体主体之间合作的阻力，2005年9月，深圳市政府指定HR公司作为大冲村旧村改造项目唯一合作开发商，HRZD公司正式成为介于政府主体与村集体主体之间的“第三方力量”，专职负责大冲村旧村改造项目的拆迁、安置、开发、建设、经营及管理等各项工作。能够预知的是，如果规划方案仍然单维度地以政府公共利益为出发点，机械地使用工程控制指标去推进大冲更新改造这个规模大、涉及层面广、开发时间长的艰难项目，无疑会再一次使规划落地变得遥遥无期。因此，《深圳市南山区大冲村改造专项规划》在方案制定伊始就决定摆脱增量规划的定式思维，率先确定了“重点兼顾社会、村集体与企业利益”的工作方向。

2006年4月，南山区政府确立了由南山区城中村（旧村）改造办公室、粤海街道办事处、DC公司、HRZD公司联合组成的工作架构。2007年3月，HRZD公司与DC公司签订了《大冲旧村改造合作意向书》。2008年，HRZD公司基本满足了DC公司的利益诉求，并基于谈判整体诉求初步确定了大冲旧改的主要拆迁安置补偿标准，这一年9月，HRZD公司与DC公司正式签署了《深圳市大冲旧村改造项目合作开发（框架）协议书》。更进一步地，2008年底，企业主体又与深圳市政府签订了“合作备忘录”，协商约定城市公共利益与企业利益分成，划定了企业主体开发总建筑面积上限，设定了建筑功能比例范围。同时，企业主体需要安排200套公寓作为限价商品房交市政府统一使用。至此，三方主体之间的协议初步达成，形成了以市场规律为主导、兼顾多方主体利益的城市更新模式。该模式以尊重主流民意、保障村民合法权益为前提，充分协调村集体主体和企业主体的整体利益，尽力促进政府主体、企业主体、村民主体与村集体主体之间多赢局面的形成。因此，促成大冲案例区域规划由不完整性转为完整性合约的修复维度体现为经济收益分配（见图4－2），也就是政府主体在保障合理公共利益的基础上做出让步，然后企业主体再与村集体主体基于各自利益焦点进行协调。在这个过程中，像DC公司这样的股份合作公司代表全体村民参与谈判，政府主体与村集体主体协调规划方案的落地效率与规划方案的可行性，村集体主体与企业主体协调货币补偿和物业补偿，政府主体与企业主体协调规划指标和土地贡献。

4.4 大冲案例“关系－要素－结果”分析

协议初步达成后，项目进入了取得实质性进展阶段。2008年12月，南山区城中村（旧村）改造办公室组织HRZD公司、DC公司联合委托深圳市城市规划设计研究院组织编制了《深圳市南山区大冲村改造专项规划》。此版规划的思路主要是希望通过对《南山区大冲村旧村改造详细规划》的调整和优化，适当提高开发强度，使得规划具备更高的可实施性。

2009年3月，HRZD公司按照深圳市与区两级政府的要求，妥善解决了在大冲案例旧村改造范围内的历史遗留用地问题，并开始推动签署《深圳市南山区大冲旧村改造项目集体物业拆迁补偿协议》，部分集体物业率

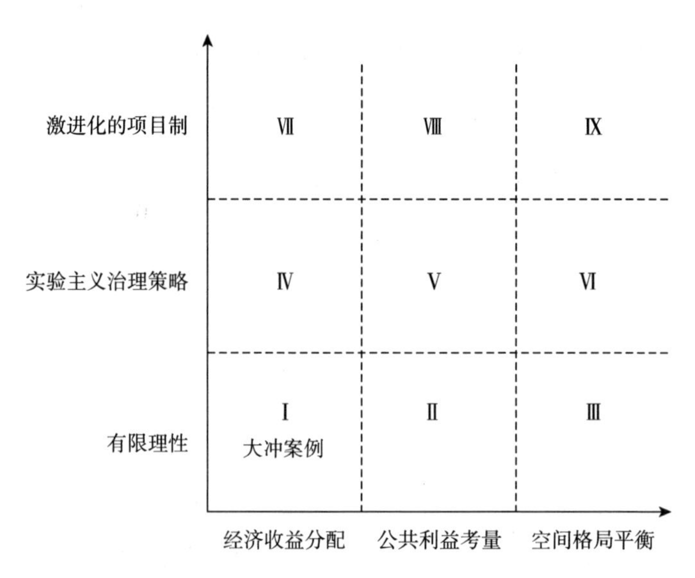

图 4－2　大冲案例的机制维度与修复维度分析

先动迁，大冲村城市更新取得重大突破。2010 年 1 月 31 日至3 月 31 日，HRZD 公司与大冲村村民签订拆迁安置补偿协议，签约率达 97.1%。2011 年 6 月 3 日，《深圳市南山区大冲村改造专项规划》经深圳市规划和国土资源委员会 2011 年第四十二次技术会议审批获得通过。2011 年 9 月 28 日，《深圳市南山区大冲村改造专项规划》最终获得了深圳市城市规划委员会建筑与环境艺术委员会第七次会议审批通过。

《深圳市南山区大冲村改造专项规划》中有关开发强度的讨论是制定此规划的重要议题。《深圳市南山 07－03［高新区中区东地区］法定图则》的开发强度是根据《南山区大冲村旧村改造详细规划》确定的，在实施的过程中却遭到了村集体和村民反对，政府也无法落实规划。新制定的《深圳市南山区大冲村改造专项规划》率先确定了以市场规律为主导，在确保村集体主体、企业主体收益分配方案可行的基础上再来保障政府主体公共利益诉求的规划思路。政府主体提出了“通过对现状的深入调研，兼顾相关各方面的利益，提出合理的实施建议，使旧村改造与市场经济结合，保证改造开发有一定的合理利润，有效调动改造实施主体的积极性，更快推动旧村地区的改造”的原则以及具体弹性控制措施，比如在保证幼儿园等公共配套设施和绿地不变、城市干路不变、总建筑面积不超过 280 万平方米的前提下，同类用地性质地块之间可进行用地面积、建筑面积适当调整。

最终，《深圳市南山区大冲村改造专项规划》较《南山区大冲村改造详细规划》《深圳市南山07-03［高新区中区东地区］法定图则》整体开发容量大幅提高，开发建设用地增加了5.36公顷，新规划建筑面积增加了147.55万平方米，毛容积率由1.9提升至4.0，净容积率由3.1提升至6.8（见表4-1）。另外，在用地性质上，商业服务业设施用地面积的占比也有所提升（见表4-2）。

表4-1 不同规划方案主要技术指标对比

主要技术指标		详细规划/法定图则	专项规划	调整情况
用地面积	拆迁用地面积（公顷）	—	47.12	—
	开发建设用地（公顷）	31.07	36.43	+5.36
	拆除建筑面积（万平方米）	86.82	106.31	+19.49
建筑面积	回迁建筑面积（万平方米）	27.61	100.70	+73.09
	新规划建筑面积（万平方米）	132.45	280	+147.55
容积率	毛容积率	1.9	4.0	+2.1
	净容积率	3.1	6.8	+3.7

注：表中“详细规划”指《南山区大冲村改造详细规划》，“法定图则”指《深圳市南山07-03［高新区中区东地区］法定图则》，“专项规划”指《深圳市南山区大冲村改造专项规划》。表4-2同理。

资料来源：根据《深圳市南山区大冲村改造专项规划》整理。

表4-2 不同规划方案部分用地类型与用地性质的用地面积相关指标对比

单位：公顷，%

用地类型	用地性质	详细规划/法定图则		专项规划	
		用地面积	占比	用地面积	占比
商业开发	居住用地	26.46	46	25.18	51
	商业服务业设施用地	5.47		10.20	
支撑配套	政府社团用地	5.77	54	5.81	49
	道路广场用地	19.83		20.38	
	市政公用设施用地	0.24		0.82	
	绿地	11.56		7.07	
合计		69.33	100	69.46	100

资料来源：根据《深圳市南山区大冲村改造专项规划》整理。

在规划的执行层面，围绕大冲村改造的拆迁补偿，企业主体直接与村集体主体进行谈判。对比基于政府主体立场进行收益成本核算的《南山区大冲村旧村改造详细规划》，《深圳市南山区大冲村改造专项规划》进一步提升了对村民的补偿标准。在集体物业上，企业主体需要将大冲村原集体物业按建筑面积1∶1置换成商业、办公、酒店等功能的物业。需要指出的是，尽管企业主体需要对村集体主体进行高额的补偿，但是企业主体利用建设标志性高层办公楼、五星级酒店和超大型购物中心，打造南山区的“万象城”，以及提升容积率、转变功能发展高端商业地产等手段，仍然保有盈利空间。

在保障了村集体及绝大多数村民收益的情况下，村集体及绝大多数村民也开始积极配合这一规划的执行，代表绝大多数村民的DC公司也开始积极主动居中协调村民搬迁工作。2009年3月，大冲村集体物业动迁仪式举行，原新基德和华厦工业中心两处建筑面积达4万多平方米的厂房顺利拆除。同时，为了打好村民私人物业签约的基础，驻点工作组开展了私人物业的全面摸底工作。工作组针对大冲村村民（共931户）的思想动向和物业情况，制定了“大冲旧改原居民信息表”，并安排工作人员逐家逐户上门派发，将近80%的村民按时按要求提交了信息表。2010年1月，大冲村村民私人物业的签约仪式举行，工作团队承诺激励期（2010年1月23日至3月31日）内签约的村民有每栋楼5万元和1个车位使用权的奖励，共有907户大冲村村民在激励期内完成签约，签约率高达97.4%。面对剩余的未签约村民，驻点工作组与DC公司领导班子不断开展联合座谈和走访。2011年4月15日，DC公司召开全体股东代表大会通过了《关于采取有效措施加快推进大冲旧改的决议》与《致未签约村民的公开信》，此后DC公司通过司法途径完成了最后8户村民的搬迁工作。

《深圳市南山区大冲村改造专项规划》的落地对政府主体来说，意味着政府通过积极参与、向大冲村派出驻点工作组、成立旧改现场指挥部、走村串户、调查摸底、宣讲政策法规等方式协调与平衡了各方社会主体的利益，有效地推进了大冲案例的存量规划落地，最后不但实现了大冲地区区位价值提升和城市功能转型，也以极低的成本获得了由HRZD公司配建的市政道路、配电、供水等公共设施以及政府保障性住房。《深圳市南山区大冲村改造专项规划》落地意味着这一规划方案赢得了大冲地区主流民意的支持，通过确定合适的房屋改造补偿政策，充分让利于民、还利于民，并辅以必要的思想动员工作，将大冲村的未来与高新园区相结合，村民从旧改中真正得到了好处，经济利益得到充分补偿，未来利益得到充分保障，生活方式也实现了现代化转型。《深圳市南山区大冲村改造专项规划》的完成对企业主体来说也使其获得了充足的利益，HRZD公司通过城市更新的途径而非具有竞争性的招拍挂程序获得了位于城市中心或副中心的大型地块，同时通过运用容积率提升和地价税费优惠等优惠措施获得了巨大的盈利空间。

最终，《深圳市南山区大冲村改造专项规划》在法律属性上明确声明，“本规划一经批准，视为已完成法定图则的修改（或制定）程序，由深圳市规划和国土资源委员会主管部门负责将本规划相关内容纳入法定图则”。通过城市更新政策，大冲村实现了土地利用现状的重新调整，大冲案例也成为政府主体、村集体主体、企业主体三方合作推行存量规划的典型成功案例，对其模式的分析如图4－3所示。

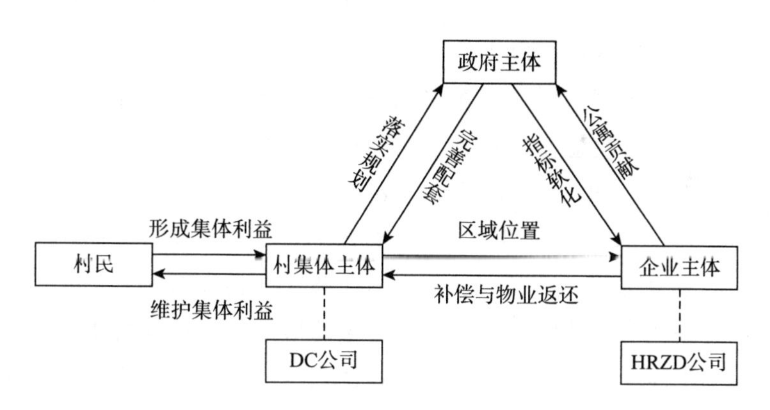

图4－3 大冲案例的模式分析

4.5 本章小结

制定《深圳市南山区大冲村改造专项规划》是在深圳市关内建设用地指标成为硬约束背景下拓展城市发展空间的举措，在这里政府主体进一步将规划发展目光转向既有的“天窗区”与“留白地”，通过明确既有“天窗区”与“留白地”内部的占有权和使用权，发掘城市存量空间。同时，政府主体为了加快推进深圳市最大的城中村改造项目，对于规划编制过程中诸多管理与利益都主动做出了让步，软化了规划的约束条件，主动简化处置权并让渡了部分收益权。

第一，政府主体是以积极的姿态主动介入大冲案例的，并且在这个过程中为村集体主体（DC 公司）物色与牵线最具实力的企业主体（HRZD 公司）。第二，政府主体为了确保大冲案例的落地，仅在维护公共利益与不触及规划指标底线的基础上规定了开发总建筑面积上限、建筑功能比例范围与限价商品房数量，其余的城市更新分配均由企业主体与村集体主体通过谈判进行协商。第三，政府主体为了加快推进大冲案例实施，在政府主体内部协调的过程中赋予了项目“特殊地位”，前文中所记述的“南头直升机场事件”就是一个例子。

大冲案例区域通过《深圳市南山区大冲村改造专项规划》使规划方案由一项不完整合约成为一项既受政府认可又受村集体与村民认可的完整合约，基于此促成了大冲村改造规划的迅速落地。第一，大冲案例之前规划的不完整性集中体现在政府主体与村集体关于产权所属的认知偏差上。大冲案例区域在城市更新以前存在着八类用地权属，包括大冲原农村红线用地、原划定大冲村改造蓝线用地、大冲征地返还用地、大冲集体实际占有用地（根据深府〔2003〕37 号文件划归该村）、大冲集体实际占有用地（无权属资料）、国有储备用地、政府行政划拨用地、市政道路用地。多种产权类型的土地交织在一起，导致政府主体无法落实规划。第二，大冲案例区域区位条件的提升以及历史遗留建筑的形成使村民与村集体主体产生了更高的利益诉求，村民与村集体主体的权利无法得到法定保障。在这个时候，如果政府主体与村集体主体谈判的合约结构不改变，政府仍使用自上而下的规划方案补偿村集体，就不可能满足村民的预期，村民占有土地与合法建设用地按同等价位补偿的诉求也不可能获得政府的财政支付支持；通过引入第三方企业主体，兼顾各个主体关注的收益点，算好台面经济账，才促成了方案引擎的正常运转。综上所述，大冲案例之前的规划的不完整性体现为历史进程中“统征”环节的有限理性导致现实环境中经济收益分配难以满足各主体的诉求，因此促成大冲案例区域规划由不完整性转为完整性合约的主要逻辑就是政府在保留合理公共利益的基础上做出让步，然后企业主体再与村集体主体基于各自利益焦点进行协调。在这个过程中，股份有限公司代表全体村民参与谈判，政府主体与村集体主体协调规划方案的落地效率与规划方案的可行性，村集体主体与企业主体协调货币补偿和物业补偿，政府主体与企业主体协调规划指标和土地贡献。

大冲更新改造前前后后共历经了 16 年的沟通与谈判，最终填补了无法落地执行的《南山区大冲村旧村改造详细规划》与《深圳市南山 07 - 03［高新区中区东地区］法定图则》的城市空间空缺，促成了《深圳市南山区大冲村改造专项规划》落地实施。尽管我们认为整体上大冲案例通过主体之间的谈判博弈，提升了公共空间的外部正效益，形成了社会文化的新地标，具有积极的社会意义，然而，也需要看到城市更新后物质空间的成本显著提升，“绅士化”效应明显，同时完全依赖市场化定价也容易出现赔偿标准过高、抬高项目成本的情况，可能引致社会各界质疑城市更新导致财富分配不公。

第 5 章
“松 - 软”约束下的沙河案例分析

5.1 沙河案例前期规划与背景

2016 年编制完成的《南山区沙河街道沙河五村城市更新单元规划》属于典型“松 - 软”约束下的存量规划，我们将其与围绕其展开的城市更新活动简称为“沙河案例”。沙河案例区域，即沙河片区在空间上坐落于 2012 年获批的《深圳市南山 08 - 01&02 号片区［华侨城地区］法定图则》范围内，位于华侨城以西。法定图则所确定的地区整体发展目标是作为全市宜居环境示范区，延续并强化其良好的空间环境特色，实现区域协调融合发展，打造以人为本、多元、绿色、活力的低碳人文综合社区。功能定位是以生活居住、商业服务功能为主，兼有高新技术、都市型创意产业及文化旅游功能的城市综合区。规划重点是总结并提炼华侨城片区的建设经验与特色，延续并提升其良好的建设品质，在完善道路交通、公共配套的基础上，重点强化功能的复合发展、绿色景观廊道的设计、慢行系统的构建以及公共活动网络的组织，实现“多元、绿色、活力的低碳人文综合社区”建设目标。

沙河案例区域在《深圳市南山 08 - 01&02 号片区［华侨城地区］法定图则》中对应的确切空间是编号为 GX01 的更新单元（56.29 公顷）中除 03 - 02、03 - 03、03 - 37 地块外的其他地块。法定图则图面表现了其现状用地功能，法定图则说明指出未来在更新改造条件成熟时，GX01 更新单元的主导功能为居住、商业功能。在改造的同时需要解决片区的交通问题，落实相应的学校与医院等公共配套设施及公共开放空间建设，打通必要的绿色景观廊道，并结合该地区的更新改造设置一所敬老养老设施及一座垃圾转运站。法定图则说明也指出更新单元具体的更新范围、功能布局和建设规模等规划指标仍需在未来的更新单元专项规划中去确定。

沙河案例区域尽管区位条件优越，但是存在着严重的土地历史遗留问题。沙河五村的土地历史遗留问题主要集中在其内部的 SH 集团（村集体股份公司主体）和沙河五村（村集体主体）之间，原本应该代表全体村民的经济组织却与沙河五村内绝大部分村民发生了直接的产权与经济冲突。严重的土地历史遗留问题导致沙河五村积累了众多社会矛盾，沙河五村村民与 SH 集团长期纠纷不断并且在发展上相互掣肘。一是地区经济发展受阻，根据南山区政协四届一次会议 T12－047 号提案反映的沙河片区调研情况，当时沙河五村的村民在深圳市已经连续 16 年“零分红”，这与沙河五村在深圳市的区位条件极度不匹配。二是发生了一些冲突事件，危及深圳的社会管理形象。三是内部治安形势严峻，沙河片区内部人口流动频繁，违法建筑长期存在，治安管理困难重重。四是城中村内部存在工厂直排污水的情况，并影响到深圳湾水质。五是其当时状况严重危及市容市貌，沙河片区紧邻深南大道且是当时深南大道上唯一的城中村，影响到深圳规划管理形象。总而言之，深圳市政府认为唯有通过城市更新途径才能彻底解决沙河片区的综合性问题。

5.2 沙河案例缔约背景改变

在块状管理层面，2005 年，深圳市政府针对沙河城市更新特别召开了解决沙河片区历史遗留问题的工作会议。2005 年市政府 290 号办公会议纪要显示，深圳市政府直接定调“沙河片区整体推倒重建”的改造思路。同时，为了保障沙河城市更新的顺利进行又特别针对沙河提出了“优惠补偿政策”工作方向，提出可以给予沙河片区比城中村改造更优惠的土地政策，不收地价或收取地价后全额返还区政府，同时在规划可行的前提下，新建房屋容积率可以适当突破限制，商业用地也可以适当增加。此次会议实际为沙河的城市更新提供了规划管理层面足够优惠的政策。从 2006 年开始，深圳市委与市政府领导多次开展了对沙河五村的实地调研，要求攻克“沙河难题”，并在2006年将沙河片区纳入《2006年深圳市城中村（旧村）改造年度计划》。由此，可以看出政府主体在块状管理层面在沙河城市更新中放软约束，一方面主动承担了行使具有负向社会效益的处置权的责任，另一方面也放弃了诸多收益权。

沙河五村的土地历史遗留问题主要是面积约4.4万平方米的新旧村用地确权问题和14.69万平方米工业区用地划分问题。在土地管理层面上，2009年11月24日，深圳市政府特别召开了协调处理沙河五村土地历史遗留问题的会议，深圳市政府2009年556号办公会议纪要显示，深圳市政府主导提出将位于沙河街以西、沙河东路以东的工业区用地划归SH集团所有，将位于沙河街以东的工业区用地划归南山区政府所有的解决方案；同时，建议以南山区政府为主体结合既有新旧村用地确权问题捆绑工业区用地统一实施城中村改造。2010年4月，沙河城市更新工作由《2006年深圳市城中村（旧村）改造年度计划》结转至《2010年深圳市城市更新单元规划制定计划第一批计划》。

结合访谈调查可知，2010年底，深圳市政府针对沙河五村的土地历史遗留问题提出了“确权方案”，将SH集团历史用地红线范围内沙河五村新旧村大部分土地划归南山区政府所有，小部分土地划入国有储备用地。后来，南山区政府为减小方案执行阻力，将原设想国有储备用地也统一划归区政府名下，由区政府集中处理历史遗留问题。

2011年，深圳市规划和国土资源委员会综合考虑历史、当时状况和政府权益，决定采纳南山区政府意见，将原设想国有储备用地划归区政府名下，统一纳入城中村改造范围。由此也可以看出，政府主体在条状管理层面对沙河案例放松约束（见图5-1）。

在上述过程中，政府主体内部各个部门之间通过讨论与协调，确定了沙河案例的项目目标是尽可能地加快工作进度、提高工作效率，因此需要由南山区政府积极主动多担当，统筹解决历史遗留问题，政府主体一方面根据需要，托管沙河片区的土地占有权和使用权，放松了条状管理约束；另一方面也软化了块状管理约束，主动提供政策红利并缩小收益范围，仅将政府主体代表的公共利益聚焦在保障性住房领域。

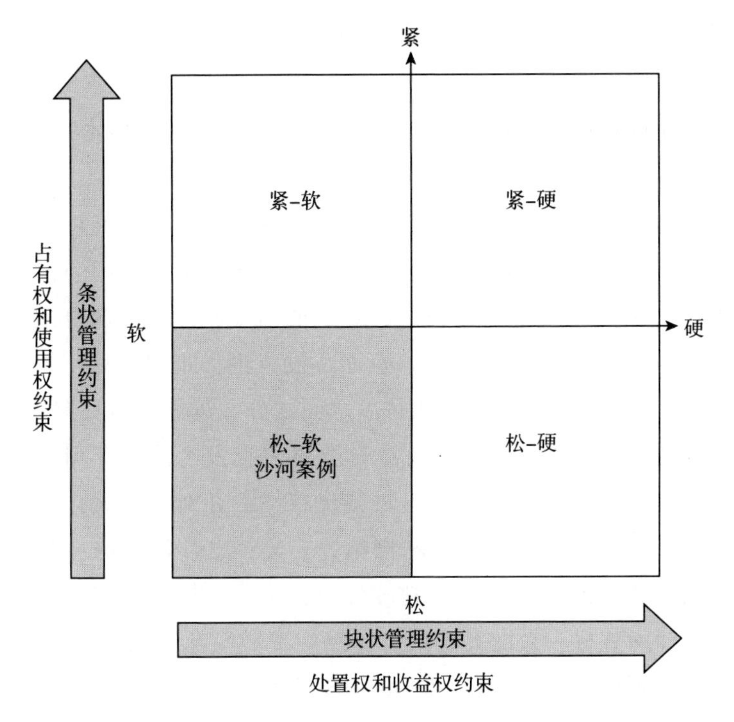

图 5－1　沙河案例的制度约束分析

5.3　沙河案例路径策略调整

追根溯源，沙河案例的不完整性在机制维度上体现为激进化的项目制。快速推进农城化是深圳市 20 世纪 90 年代初在特定政治、经济、社会环境下的过渡政策（中共南山区委党校课题组，2004）。1992 年，南山区内的 28 个行政村进行了大规模的农村城市化工作，所有农民转为城市居民，所有村委会转为城市居委会，所有村办集体企业也转型为集体股份公司。需要指出的是，此次转型中很多集体股份公司都潜存着结构性缺陷，直到 1994 年《中华人民共和国公司法》实施以后仍然存在部分集体股份公司营业执照无法通过年度检查的情况（龚振武，2001）。沙河片区的情形更为复杂，一方面，当时的政府主体为了快速推进农城化，没有正确地认识到沙河五村原集体股份公司与村集体的利益关系，也就是原集体股份公司是否能够代表全体村民或村集体的经济利益；另一方面，政府返还土地的政策缺乏更细致的指导与落实，沙河案例以前的一系列规划中返还土地由原集体股份公司实际使用，而村民与村集体被排除在外。

结合访谈调查可知，沙河五村的历史遗留问题主要集中在内部的 SH 集团（村集体股份公司主体）和沙河五村（村集体主体）之间。SH 集团原为佛山专区农垦局在沙河五村上组建的沙河农场，1993 年深圳市政府在推行农城化过程中撤销了沙河农场建制并成立了 SH 实业股份有限公司（后发展为 SH 集团）。在农场转企的过程中，政府征用及收回了大部分土地，返还 SH 实业股份有限公司少部分土地。然而，没有进一步明确返还土地的使用权如何在 SH 实业股份有限公司和村民之间划分，返还土地长期被 SH 实业股份有限公司独自使用与管理，而沙河五村一直没有落实深圳市农城化政策，村民也一直没有获得深圳市的农城化权益。针对当时具体情况，可将沙河五村中村集体主体遇到的问题概括为：第一，沙河五村一直未成立能够代表村集体利益诉求的农城化股份公司；第二，村民宅基地一直没有确权；第三，沙河五村一直没有获得集体经济发展用地。可将沙河五村中 SH 集团遇到的问题概括为：第一，SH 集团土地产权存在模糊性；第二，SH 集团长期兜底村民的生计、退休等问题，给企业的自主经营带来了沉重负担。

沙河片区内部既有的矛盾一直制约着沙河片区的发展，其问题涉及从经济到治安污染再到深南大道两边的城市形象的各领域，甚至最终演化成为具有负向效应的公共事件。当时的沙河片区集政治、经济、社会、生态等问题于一身，很多企业主体都不愿意卷入沙河片区的问题与事件中。深圳市政府为了综合解决沙河问题，维护所在地区的公共利益，在确定了沙河规划以城市更新为方向以后，积极利用政府号召力引介企业主体进驻沙河片区，改善该地区的公共环境。

政府引介企业主体的艰辛可以从以下过程中看到。政府为沙河案例牵线搭桥的前 6 个企业主体与沙河村集体主体的合作都无疾而终，直到 2011 年，村集体主体才初步确定了城市更新合作主体——LJ 集团，并与其合作开展前期工作。因此，促成沙河案例区域规划由不完整性转为完整性合约的修复维度体现为公共利益考量（见图 5 - 2），政府主体基于公共利益考量在沙河案例的城市更新中主动承担了政府主体义务以外的引介工作，帮助村集体找到了实施城市更新的企业主体。

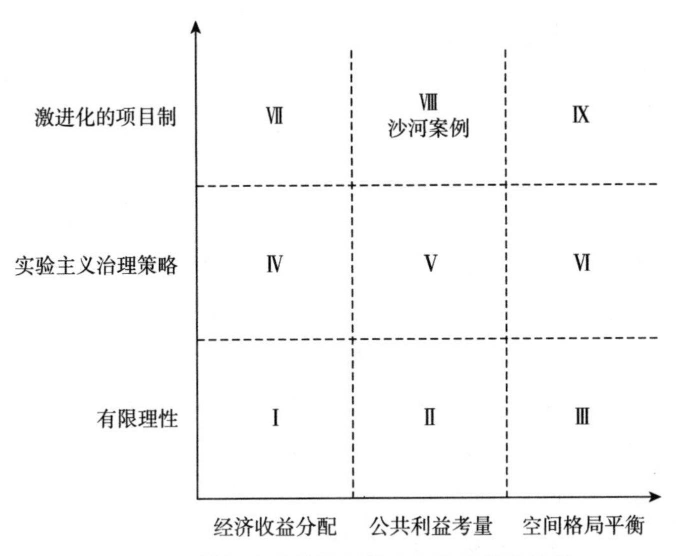

图5－2 沙河案例的机制维度与修复维度分析

伴随着沙河片区社会矛盾的缓和以及合作企业的进驻，沙河案例的城市更新开始具备推进与实施的基础。2014年4月16日，基于沙河五村历史遗留问题的协调解决以及合作主体关系的确立，深圳市南山区政府在深南府〔2014〕15号文件中向深圳市规划和国土资源委员会申请将名下的沙河五村土地确权至村集体主体股份公司（BSZ公司）名下。2014年5月7日，在南山区政府托管沙河案例区域土地产权3年以后，深圳市规划和国土资源委员会在深规土函〔2014〕999号文件中正式将沙河五村新旧村用地及工业区用地确权至BSZ公司名下。

5.4 沙河案例“关系－要素－结果”分析

在沙河案例的专项规划编制过程中，规划编制单位根据2015年颁布的《深圳市城市更新单元规划容积率审查技术指引（试行）》中第七条规定，考虑城中村还迁、可实施性等因素，选取拆建比作为校核指标，以拆建比为核心进行项目经济核算（项目总开发量＝现状建筑面积×拆建比＋保障性住房面积＋配套设施面积）。根据规划编制单位初步核算，沙河案例只有拥有计容开发量接近400万平方米才能达到项目具备经济性且可执行的门槛，否则政府主体、村集体主体与企业主体都可能面临不经济的问题。如果按照当时《深圳市城市规划标准与准则》对一般项目总建筑面积的测算，沙河案例的拆建比只能确定为1.2，总开发量仅为204万平方米。为了保障各个主体在项目中的收益，使沙河案例的城市规划项目具备可实施性，需要充分运用根据深圳市人民政府令第290号修改后的《深圳市城市更新办法》的精神，确定更合理且更利于执行的拆建比。

在规划方案最开始确定拆建比的过程中，相关社会主体与编制单位共同研究了世纪山谷案例与大冲案例的拆建比。世纪山谷案例与沙河案例具有相似性，且深圳市的市级政府与区级政府也多次承诺要同等对待、同步审批并同时启动世纪山谷项目与沙河五村项目，当时世纪山谷案例确定的拆建比为2.4；大冲村与沙河五村区位规模相当，历史渊源较深，村民诉求基本相同，当时大冲案例确定的拆建比为2.6。因此，沙河案例的拆建比大概可以维持在2.4 ~ 2.6。

需要指出的是，此时深圳市尚缺乏明确城市更新项目拆建比指标的文件，直到2016年，深圳市规划和国土资源委员会才发布了《关于适用〈深圳市城市更新单元规划容积率审查技术指引（试行）〉第七条规定的通知》，明确地提出“在符合《深圳市城市更新单元规划容积率审查技术指引（试行)》第七条第一款的前提下，可按以下净拆建比参考值对规划建筑面积进行校核”，拆除范围用地面积大于40公顷的项目净拆建比参考上限值为2.3，最终沙河案例确定了以2.3为净拆建比参考值。与此同时，政府主体又进一步根据《深圳市城市更新项目保障性住房配建规定》进行了保障性住房测算，确定了保障性住房面积为5万平方米，并根据《深圳市城市规划标准与准则》配置配套设施的要求，确定了片区配套设施面积为6.46万平方米。最终，沙河案例的项目总开发量约为358万平方米，接近400万平方米且远大于初始测算的204万平方米，如式（5.1）所示。

$$\frac{151.03\text{万平方米}}{\text{现状建设面积}} \times \frac{2.30}{\text{净拆建比}} + \frac{5.00\text{万平方米}}{\text{保障性住房面积}} + \frac{6.46\text{万平方米}}{\text{配套设施面积}} = \frac{358.86\text{万平方米}}{\text{项目总开发量}} \tag{5.1}$$

2016年12月，深圳市规划和国土资源委员会原则通过了沙河案例的规划方案。2017年2月10日，深圳市规划和国土资源委员会正式将沙河案例的更新单元规划建筑面积总开发量确定为358万平方米，其中包含所有计容部分建筑面积和地下商业建筑面积。在确定规划建筑面积（总开发量）的过程中，高强度开发（见表5－1，沙河案例最终确定的容积率为11.5）既保障了村集体与企业收益，也为政府主体带来了公共利益层面收益，具体包括：①解决了涉及社会问题的沙河历史遗留问题；②以保障性住房为突破口维护了公共利益；③配套设施方面，在原来法定图则要求，即修建建议性道路、设置一所敬老养老设施与一座垃圾转运站的基础上，又进一步按照《深圳市城市规划标准与准则》的要求配置并完善了相关配套设施，包括且远多于上一轮法定图则要求建设与完善的配套设施。

表5－1 沙河案例规划指标

指标	数量
开发建设用地面积（平方米）	303793.7
规划建筑面积（平方米）	3580000
居住建筑面积	1250000（包括保障性住房面积50000）
商业、办公和旅馆业面积	1045000
商务公寓面积	1120000
公共配套设施面积	64550
地下商业建筑面积	100450
容积率	11.5

资料来源：根据《南山区沙河街道沙河五村城市更新单元规划》整理。

在规划的实施过程中，政府主体为了保障公共利益设立了“开发建设主体实施责任”制度，要求企业主体承担以下三项责任。第一，拆除清理责任。企业主体负责拆除范围内全部建筑物及其附属设施等的拆除工作，包括拆除范围内的市政道路、绿地、学校用地等的拆除。第二，土地移交责任。企业主体根据与政府主体的协议的要求，将规划方案中权属清晰用地的31.3%（合计144019.4平方米）无偿移交给政府主体用于基础设施项目建设，将11729.0平方米的国有未出让用地腾挪置换为保障性住房用地并移交给政府主体。第三，配套建设责任。企业主体需要负责其他附建的公共配套设施的建设并将其产权按照相关规定进行移交。具体规划的实施需要分三期完成，本着优先保障公共利益的原则，规划一期优先建设教育、医疗、市政等配套设施以及村民返迁房，拆除用地面积为168086.4平方米，开发建设用地总面积为87545.0平方米，土地移交率为47.9%；规划二期主要建设生活居住配套设施，用于村民返迁，拆除用地面积为219643.8平方米，开发建设用地总面积为159264.5平方米，土地移交率为27.5%；规划三期进一步完善商务办公、酒店、公寓、商业方面设施及其配套等，拆除用地面积为71811.9平方米，开发建设用地总面积为56984.2平方米，土地移交率为20.6%。

对于政府主体来说，沙河案例在项目整体实施的过程中一共贡献了保障性住房面积5.00万平方米、配套设施面积6.46万平方米、土地面积14.40万平方米，土地贡献率为31.3%。在《南山区沙河街道沙河五村城市更新单元规划》实施以前，根据深圳市规划和国土资源委员会南山管理局的深规土南函〔2016〕371号文件对沙河片区的调查，沙河片区中权属清晰用地的占比为97.4%，其中城中村用地占比高达87.3%，在法定图则编制的过程中只能表现为“天窗区”与“留白地”。通过政府主体、村集体主体与企业主体的合作开发，不仅解决了历史遗留问题，还实现了区域整体的跨越式发展，对这一案例模式的分析具体如图5-3所示。最终，《南山区沙河街道沙河五村城市更新单元规划》在法律属性上明确声明，“本规划一经批准，视为已完成法定图则的修改（或制定）程序，由深圳市规划和国土资源委员会主管部门负责将本规划相关内容纳入法定图则”。

5.5 本章小结

《南山区沙河街道沙河五村城市更新单元规划》的制定是由于沙河五村内部村集体与SH集团之间的历史遗留问题引发了一系列社会问题，在这些社会问题严重危及城市公共安全、城市社会管理形象、城市规划管理形象、城市环境治理形象的背景下，深圳市政府希望凭借城市更新手段彻底解决沙河片区的综合性问题，因此在沙河案例中主动采取了既松又软的管理约束手段。第一，政府主体为了确保《南山区沙河街道沙河五村城市更新单元规划》的平稳实施，在城市更新伊始就由政府托管了存在产权争议的土地。市政府直接将SH集团历史用地红线范围内沙河五村新旧村41.6万平方米土地划拨至南山区政府名下，4.4万平方米土地被纳入国有储备用地。

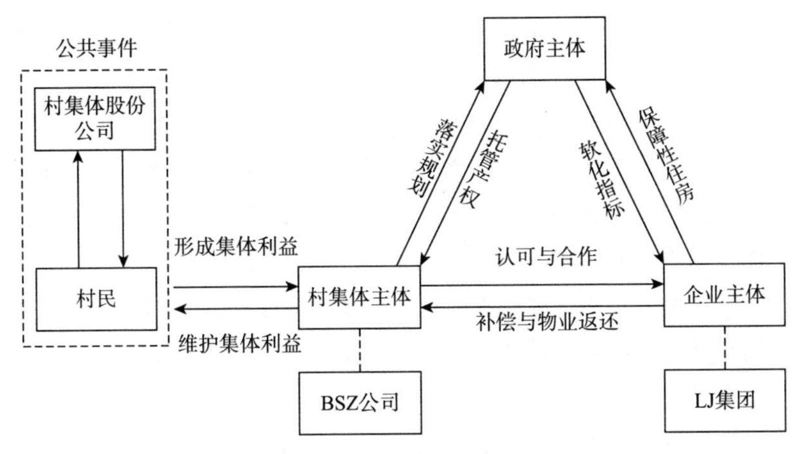

图 5－3　沙河案例的模式分析

南山区政府为了更好地维护社会稳定，进一步主动提出将4.4万平方米国有储备用地统一纳入处理历史遗留问题的存量规划中，在这里政府主体主动放弃了部分土地的占有权和使用权。第二，为了确保沙河案例的存量规划具有可执行性，深圳市政府直接定调“沙河片区整体推倒重建”的改造思路，又特别针对沙河案例提出了“优惠补偿政策”的工作方向，明确提出可以给予沙河片区比城中村改造更优惠的土地政策，包括提供地价优惠、允许容积率突破限制、增加商业用地，在这里政府主体主动承担了行使具有负向社会效益的处置权的责任。第三，政府主体主动缩小在存量规划中的综合权益范围，仅通过保障性住房来体现政府权益，在这里政府主体放弃了诸多收益权。

沙河案例中《南山区沙河街道沙河五村城市更新单元规划》的落地实际上是将法定图则中“天窗区”与“留白地”的不完整合约转变为一项能够统筹解决沙河片区内部社会矛盾的完整合约，兼顾深南大道的城市景观、市区建设形象打造与环境污染治理。沙河案例以前的规划的不完整性集中表现在1993年深圳市政府推行农城化过程中SH集团与沙河五村村集体的土地历史遗留问题上。SH集团与沙河五村村集体相互掣肘，在土地历史遗留问题的基础上又延伸出更深层次的企业改制问题、分红问题、养老金问题等。

面对交织在一起的复杂问题，政府主体一方面介入托管存在争议的土地，迅速控制事态发展，推动村集体将注意力转移至寻找合作开发主体的过程中；另一方面主动提供政策红利并缩小收益范围，希望尽快吸引开发建设主体。在这个过程中，有意向的第三方企业通过平衡各方收益、算好台面经济账开始积极介入沙河案例的城市更新规划。在实施规划的过程中，由于沙河案例中政府主体让步相对于其他城市更新项目较多，因此政府主体为了优先保障公共利益又特别通过“开发建设主体承担实施责任”制度以及优先确定项目实施进度中保障性住房比例来维护公共利益。

在机制维度，沙河案例的不完整性表现为激进化的项目制。在政府主导的村办集体企业一次性转为集体股份公司的过程中，许多村庄遗留下了一些存在结构性缺陷的村集体经济组织，沙河五村是其中的代表。这些遗留的结构性缺陷导致村集体经济组织与村民之间长期存在矛盾冲突，最终形成城市中心区范围内集政治、经济、社会、生态等问题于一身的城市“塌陷区”。伴随着沙河片区对周边空间产生越来越严重的负向社会效应，政府主体以维护公共利益为导向推动了沙河案例的城市更新，因此其不完整性在修复维度上体现为公共利益考量。

最终，沙河案例在政府托管与“开发建设主体承担实施责任”的模式中制定了《南山区沙河街道沙河五村城市更新单元规划》，填补了《深圳市南山08－01&02号片区［华侨城地区］法定图则》的“天窗区”与“留白地”。城市更新中政府主体托管历史遗留问题土地、平息纠纷，企业主体又因为政策性红利承揽了项目的实施工作。政府主体与企业主体基本通过存量规划解决了沙河案例的综合性空间问题，同时政府主体还探索出通过运用“开发建设主体承担实施责任”制度以及优先确定项目实施进度中保障性住房比例来降低规划实施风险、进一步保障公共利益的路径。需要指出的是，沙河案例从政府托管行为到城市更新单元范围的划定再到拆建比与容积率的安排都彰显出此案例的特殊性，因此对于其他存量规划的借鉴意义相对有限。

第 6 章

“松 - 硬”约束下的大沙河案例分析

6.1 大沙河案例前期规划与背景

本书将涉及大沙河创新走廊的《深圳市大沙河创新走廊规划研究》和《大沙河创新走廊规划重点更新片区城市更新专项规划》及与它们相关的城市更新活动统称为“大沙河案例”。大沙河案例相关规划涉及三个重要概念。一是“大沙河”概念，大沙河由北至南贯穿深圳市南山区，是南山区的母亲河。大沙河发源于羊台山南麓，经过长岭皮水库后呈东西向，至九祥岭后转为南北向，最终流入深圳湾。河流全长 13.7 千米，截至 2011 年，上游深圳大学城至长岭皮水库有 2.4 千米河段尚未进行整治和改造。二是“创新”概念，深圳作为创新型城市在“十二五”规划中明确将大沙河创新走廊确立为深圳市自主创新核心区与产业基地。三是“走廊”概念，由广东省住房和城乡建设厅、香港特别行政区政府发展局、澳门特别行政区政府运输工务司联合开展的策略性区域规划研究——大珠江三角洲城镇群协调发展规划研究的报告，针对大珠江三角洲的产业发展空间规划提出了高新技术产业聚集区概念，大沙河区域位于珠江三角洲城镇群产业发展东岸聚集区，是珠江东岸高新技术产业带上最重要的节点，也是未来“产学研”功能综合发展的组团，这些节点与组团在空间形态上呈现走廊格局。

大沙河案例规划范围为 96.6 平方千米，其中有 57.5 平方千米用地位于生态控制线内，39.1 平方千米用地位于生态控制线以外。规划包括生态片区（阳台山与塘朗山）、大学城片区（大沙河上游）、西丽片区与龙珠片区（大沙河中游）、高新区（大沙河下游）。

阳台山与塘朗山生态片区内的阳台山生态线和水源保护区内有三个城中村，统称为水源三村，包括白芒、麻磡、大磡。大沙河上游的大学城片区聚集了深圳市重要的高等教育机构，其中西校区包括北京大学深圳研究生院、清华大学深圳国际研究生院大学城西院区、哈尔滨工业大学（深圳），东校区包括南方科技大学和深圳大学丽湖校区，也集中了中国科学院深圳先进技术研究院与国家超级计算深圳中心等科研机构。与此同时，大沙河上游的大学城片区还存在着大量的城中村如平山、塘朗、长源及村办工业区，城中村和工业区混杂，亟待改造提升。大沙河中游包括西丽片区与龙珠片区，西丽片区中心区规模小、档次低、服务能力差，并且也存在着城中村和旧工业区混杂现象，亟待改造提升。龙珠片区以居住功能为主，建成度较高，不适宜进行大规模的存量开发。大沙河下游的高新区是深圳高新企业及总部集聚地，建成度较高，也不适宜进行大规模的存量开发。综上所述，大沙河上游的大学城片区与大沙河中游的西丽片区是大沙河创新走廊区域适合存量开发的有潜力地区，同时大学城片区的公共配套与西丽片区中心区的服务能力也有内在的更新和提升诉求。

大沙河案例中法定图则及其覆盖的地区具体如下。第一，《深圳市南山11－T1号片区［西丽水库地区］法定图则》，其适用范围为西丽水库一、二级水源保护区，长岭皮水库一级水源保护区和部分二级水源保护区（以南山区行政界线为界），以及西丽湖路、沁园路以北的用地。总用地面积为35.95平方千米。西丽水库地区的总体发展目标是严格控制和限制水源保护区内的开发建设活动，协调水源保护与城市发展、旧村改造的关系，提高水源保护区的环境质量，体现水源保护与环境控制优先原则。功能定位是深圳市重要的饮用水源一级保护区和二级保护区、严格限制建设的城市生态保护区。

第二，《深圳市南山10－01号片区［曙光仓储地区］法定图则》，其适用范围为广深高速公路、沙河西路和茶光路所围合的城市用地，总用地面积2.044平方千米，主要土地用途为仓储。

第三，《深圳市南山09－T1号片区［塘朗山地区］法定图则》，其适用范围为龙珠大道—北环大道以北、沙河西路以东、留仙大道以南、南山区与福田区区界以西的用地，总用地面积为18.4344平方千米。此地区总体发展目标是严格划定塘朗山郊野公园范围、适当布置现代都市生态型观光游览用地；塘朗山周边的用地以中、低强度开发为主，避免对山体景观轮廓的破坏。功能定位是依托塘朗山郊野公园和大型市政交通设施的建设，规划功能齐全、环境优美、配套设施完善的现代化居住社区，同时合理布置为全市服务的大型公共和市政基础设施。

第四，《深圳市南山 09-01 号片区［龙珠地区］法定图则》，其适用范围为沙河西路以东、龙珠大道以南、北环路以西、广深高速公路以北的城市用地，总用地面积 2.4468 平方千米。本地区的功能定位是以居住为主，配套设施完善、环境优美的综合居住区。

第五，《深圳市南山 09-02 号片区［安托山西地区］法定图则》，其适用范围为北环路以南、广深高速公路以北、侨城东路以西所围合的城市用地，总用地面积 1.6912 平方千米。安托山西地区的定位是落实城市组团隔离带，满足城市规划的总体要求，逐步形成使用方便、环境宜人、具有特色的综合区，作为城市建设用地的储备片区。

第六，高新技术区系列法定图则及其覆盖地区。《深圳市南山 07-01 号片区［高新技术区北区西地区］法定图则》适用范围北起广深高速，南至北环大道，西临麒麟路，东到科苑大道，总用地面积 1.32 平方千米。高新技术区北区西地区的定位是以大型生产型工业为主的高新技术工业区。《深圳市南山 07-02 号片区［高新技术区北区东地区］法定图则》适用范围北起广深高速，南至北环大道，西临科苑大道，东到沙河西路，总用地面积 1.26 平方千米。高新技术区北区东地区的定位是以设施完善的配套居住为主、辅以高新技术工业用地的高新技术产业园综合区。《深圳市南山 07-03 号片区［高新区中区东地区］法定图则》适用范围北起北环大道，南至深南大道，西临科苑大道，东到沙河西路，总用地面积 1.92 平方千米。高新区中区东地区的发展目标是建设成为环境优美、设施完善、交通便利的集产业、居住于一体的城市综合功能片区。高新区中区东地区的功能定位是高新技术产业园区、与深圳市整体城市形象及高新园区形象相适应的城市居住区。《深圳市南山 07-04 号片区［高新区中区西片地区］法定图则》适用范围为深南大道以北、北环大道以南、科苑路以西、麒麟路以东的城市用地，规划总用地面积 1.7947 平方千米。高新区中区西片地区目标定位是以生物工程和电子信息产业为主、居住与商业为辅的，充分结合自然地形地貌的园林化高新技术产业生态园区。《深圳市南山 07－05&06&07 号片区［高新技术南地区］法定图则》适用范围为南油大道以东、滨海大道以北、沙河西路以西、深南大道以南的城市建设用地，总用地面积 5.2312 平方千米。高新技术南地区目标定位是园林式、安全、高效的集教育、科研、产品试制、孵化于一体的电子、信息产业区及管理、办公、展览、金融贸易、居住综合区。

大沙河案例规划范围内未批未建的土地总共只有 0.14 平方千米，呈零散分布。2011 年以前，可成片开发的土地仅有留仙洞储备地，面积大约为 1.2 平方千米；存量用地中工业区占地约 3.68 平方千米，其中位于基本生态控制线内的工业区占地为 0.82 平方千米；存量用地中城中村总面积为 2.84 平方千米，其中位于基本生态控制线内的城中村面积为 0.44 平方千米。考虑基本生态控制线外的存量规划，改造规模可达到约 5.26 平方千米。综上所述，存量规划是大沙河创新走廊获取发展空间的主要手段。

在大沙河案例规划范围内的存量用地中，共分布着 20 片城中村，主要位于大沙河中游两岸。城中村面貌和设施较差，大面积占用国有土地，大部分容积率在 2～3，土地历史遗留问题较多。同时其中也分布着 25 片旧工业区，主要位于大沙河的中游、上游，以加工业为主，已出现空置现象。大部分旧工业区容积率在 1.0～2.0，有 17 片旧工业区位于地铁站点 500 米范围内，这些旧工业区都亟待产业升级。

6.2 大沙河案例缔约背景改变

大沙河案例城市更新的推进实际上是在既有生态地区（阳台山与塘朗山生态片区）和开发成熟地区（大沙河下游的高新区）空间格局基础上寻找适合未来重点开发区域的规划方案。根据对大沙河流域的空间分类就可以看出这种约束属性。首先，阳台山与塘朗山生态片区是大沙河流域主要的生态线控制区域与水源保护区域，其次，大沙河下游的高新区是深圳高新企业及总部集聚地，属于建成饱和区，开展存量规划的经济成本较高。因此，在大沙河案例中开展城市更新的主要阵地势必集中在大沙河上游的大学城片区与大沙河中游的西丽片区和龙珠片区。需要指出的是，依据上述原则划定大沙河重点开发区域，实际上是在规划范围内部通过土地的优化重组，也就是“倒转腾挪”和“肥瘦搭配”等条状管理策略，实现大沙河重点开发区域的土地提质增效，因此这在条状管理层面体现了管理的松约束，也就是在占有权上的指标置换以及使用权上的优化调整。

大沙河案例涉及的重点开发区域是既往块状管理上法定图则的“天窗区”与“留白地”，后来城市更新专项规划的制定事实上确立了这些空间的“准法定图则”约束。就规划制定时大沙河创新走廊整体的法定图则覆盖情况来看，一方面，缺少西丽片区中心区、大学城和华侨城片区的法定图则；另一方面，法定图则在其覆盖地区对用地功能的发展指引力度也有限，政府社团用地和工业用地比例均较高，商业服务业设施用地比例偏低，仅占总用地面积的1.08%。因此，《大沙河创新走廊规划重点更新片区城市更新专项规划》的制定是政府确立存量空间“准法定图则”的举措。“准法定图则”的性质意味着其规范了未来城市更新单元的处置权和收益权，这在块状管理层面体现了管理的硬约束，所以大沙河案例是条状管理松约束与块状管理硬约束的组合（见图6－1）。

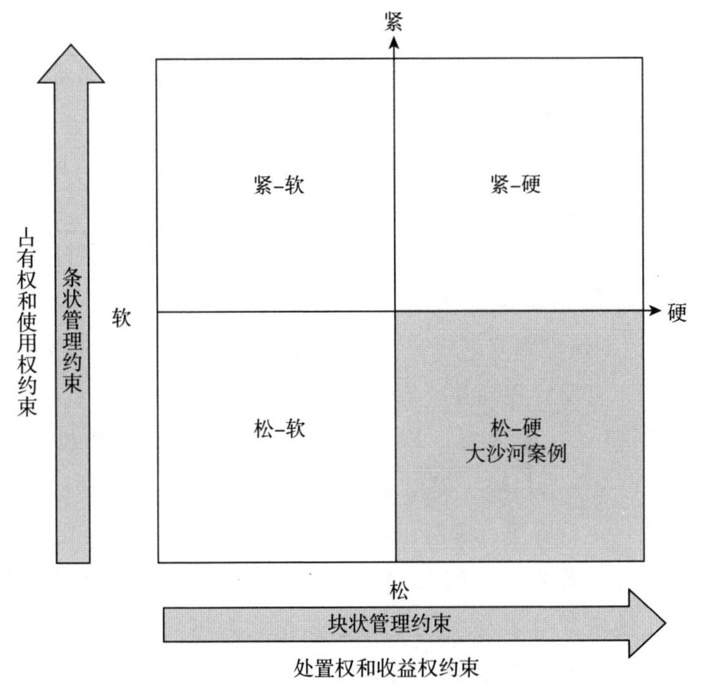

图6－1　大沙河案例的制度约束分析

6.3 大沙河案例路径策略调整

大沙河案例城市更新的推进起源于深圳市南山区政府希望通过规划手段系统提升大沙河流域整体发展水平，一方面通过规划定位确立未来发展方向，另一方面系统性梳理及填补既往法定图则的“天窗区”与“留白地”。首先，大沙河流域内部南北片区发展差距较大，北部整体地理位置偏僻，交通不便，经济发展相对滞后，南山区政府结合区域属性与国家、省、市发展方向，希望以科技创新与产业转型为路径改变大沙河流域落后面貌。深圳市第五届人民代表大会第一次会议20100062号提案提到，南山区政府在2009年提出打造大沙河创新走廊的最初发展思路就是希望统筹推进大沙河流域均衡发展，通过规划定位手段将发展南山区北部地区提升至城市发展战略的高度，将这一地区确立为深圳市重要的“自主创新核心区”和“研发及总部基地”。其次，南山区北部地区已批规划覆盖区域较少，分区规划的规划期已满，法定图则制定审批缓慢，较早完成的城市规划与最新确定的发展定位尚有较大差距，急需编制一部规划指导大沙河创新走廊的规划建设。因此，大沙河案例的规划编制目标是在总体上制定统筹区域发展的“准区域规划”或“准法定图则”。

深圳市规划和国土资源委员会于2010年4月委托深圳市城市规划设计研究院编制《深圳市大沙河创新走廊规划研究》。《深圳市大沙河创新走廊规划研究》是一部行动规划，内容为分区层面的城市发展策略研究，核心任务是提出大沙河创新走廊未来规划建设的“行动计划”和“项目库”。《深圳市大沙河创新走廊规划研究》编制以政府为主导，深圳市规划和国土资源委员会第二直属管理局在〔2010〕126号文件中明确了《深圳市大沙河创新走廊规划研究》的内容，具体包括预测人口规模、建设用地规模和“产学研”发展规模与趋势；提出空间、生态环境发展策略和战略性大型基础设施建设项目建设安排；确定土地利用、“产学研”布局，综合交通、配套设施、景观环境等总体空间布局。规划的工作重点包括两项内容，一是以片区现有土地资源有限与发展空间亟须拓展为出发点，为城中村和旧工业区提出改造方式和改造指引；二是针对片区城市面貌较差、生活配套设施不足、道路系统不完善等问题，对城市空间环境提出以创新型先锋城区为建设目标的改造指引。

在编制《深圳市大沙河创新走廊规划研究》的过程中，编制单位会同政府单位初步细分了大沙河创新走廊总体城市更新策略，将大沙河创新走廊按城市更新策略分为三个片区，分别是重点更新片区、生态保护区、功能完善片区。重点更新片区包括西丽片区中心区、大学城和龙珠－侨城北片区，其中将西丽片区中心区进行整体改造。未来将通过中观层面统筹性的城市更新规划，统筹协调重点更新片区的城市更新工作并以村为单元统筹提出规划指引。生态保护区中的水源三村，也就是白芒、麻磡、大磡位于生态控制线和水源保护区内，未来的城市更新方向为清退一级水源保护区内的建设用地，引进环境友好型产业及配套设施，提高原居民收益，采用减量改造的方式推进城市更新，不进行住宅房地产开发。功能完善片区是指高新区，在其中通过综合整治、局部拆除重建的方式进一步完善城市功能。在三个城市更新片区中，重点更新片区是大沙河创新走廊推进城市更新计划的主要区域。

延续《深圳市大沙河创新走廊规划研究》划定重点更新片区的思路，南山区政府开始积极筹备制定法定图则深度的《大沙河创新走廊规划重点更新片区城市更新专项规划》。南山区政府希望通过《大沙河创新走廊规划重点更新片区城市更新专项规划》覆盖大沙河创新走廊北部尚缺乏法定图则的地区，同时针对重点区域研判发展态势，明确片区发展定位；剖析现实发展条件，确定城市更新单元分区；分析发展需求与供给，制定容量发展策略；探讨推动城市更新的相关政策，保障规划时效作用；制定开发时序和工作计划、完善技术管理框架，保障城市更新的有效实施。2011 年 5 月，深圳市规划和国土资源委员会第二直属管理局委托深圳市城市规划设计研究院正式开展《大沙河创新走廊规划重点更新片区城市更新专项规划》编制工作。《大沙河创新走廊规划重点更新片区城市更新专项规划》的规划范围总面积为 29.83 平方千米，涉及社区 19 个、城中村 13 片。

深圳市规划和国土资源委员会第二直属管理局为了协调推进大沙河创新走廊相关规划编制工作，一方面建立了大沙河案例的专职管理机构，在 2010 年 4 月 26 日成立了大沙河创新走廊建设领导小组与建设办公室；另一方面积极推动大沙河案例的城市更新申报工作，促成大沙河创新走廊重点更新片区列入《2010 年深圳市城市更新单元规划制定计划第一批计划》。为进一步落实大沙河创新走廊的规划与建设，大沙河创新走廊建设领导小组进入了满负荷工作状态，根据深南工记〔2011〕188 号记录，在深圳第 26 届世界大学生夏季运动会（2011 年 8 月 12～23 日）前大沙河创新走廊建设领导小组工作会议每月要召开一次，运动会结束后领导小组工作会议每半月要召开一次。每次会议都需要就具体项目提出针对性意见，比如 2011 年 9 月 16 日的大沙河创新走廊建设领导小组工作会议对茶光工业区更新改造进行了讨论。

综上所述，大沙河案例原来的不完整性机制维度体现为有限理性。分区规划的期满以及对于大沙河创新走廊定位的偏差体现了原有城市规划对于未来发展的有限理性，缺乏法定图则覆盖更进一步凸显了原有城市规划对于现状建成地区规划管理的有限理性。大沙河案例城市更新规划的首要目标是解决南山区北部地区已批规划覆盖区域较少、分区规划期满、法定图则制定进程推进缓慢的现实问题，尤其是《深圳市大沙河创新走廊规划研究》划定的重点更新片区之前基本没有法定图则覆盖的问题。为了解决大沙河案例存在的不完整性问题，大沙河案例中规划方案的制定与实施在不完整性修复维度中立足于空间格局平衡的全域统筹思维（见图 6－2）。大沙河流域“满天星”式的发展无法形成有效的空间联动效应，大沙河创新走廊建设领导

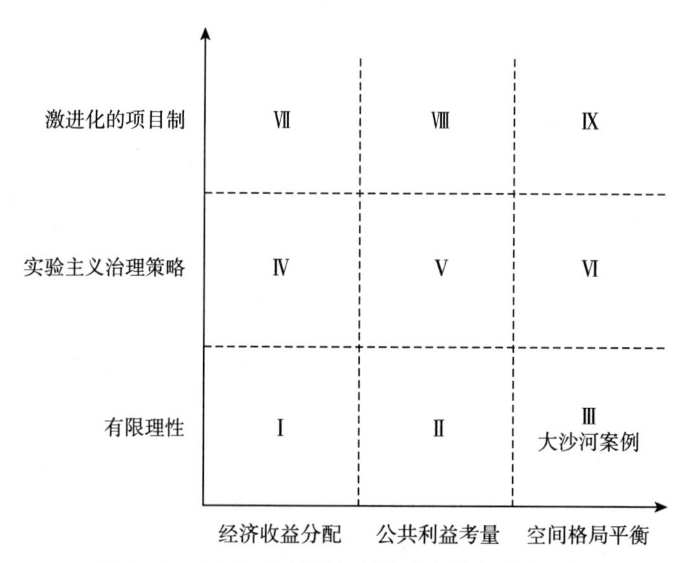

图 6－2　大沙河案例的机制维度与修复维度分析

小组与建设办公室就是为了率先改变行政管理分立状态而成立的南山区内部跨行政边界的管理机构，通过自上而下的“政府主导，统筹布局”模式来配合国家创新发展战略并把握深圳市高新技术产业和创意文化产业发展机遇。

6.4 大沙河案例“关系－要素－结果”分析

《大沙河创新走廊规划重点更新片区城市更新专项规划》针对大沙河创新走廊重点更新片区进行了信息梳理与具体城市更新措施制定。第一，系统梳理了片区内的现状土地权属与现状建设，摸清了区域的可开发土地与潜在改造用地。当时大沙河创新走廊重点更新片区现状未建设土地有224.54公顷，如果扣除留仙洞储备地，可开发土地有138.54公顷，仅占总用地的10.7%，其中还包括大量规划为公共绿地的山坡地和防护绿地。潜在改造用地中城中村用地总量为80.44公顷，非法占用土地比例达64.1%，建筑总量为219.66万平方米，毛容积率为2.7，平均层数为6.2；旧工业区用地总量为180.77公顷，非法占用土地比例达57.9%，建筑总量为367.45万平方米，毛容积率为2.0；旧居住区建成15年以上的住宅区用地总量为22.31公顷，建筑总量为53.98万平方米，毛容积率为2.4。潜在的可进行改造的存量用地面积足有可开发土地面积的两倍以上。

第二，系统梳理了片区内可能推动存量规划的项目。这些项目既包括已经列入政府计划范围内的项目，比如已经列入城市更新单元规划的项目、已经进入城市更新项目实施计划的项目、申请法定图则调整的项目等，同时也包括政府主体与编制单位通过“开门规划”的方式，积极开展公众咨询活动与公众调查活动，并建立与待更新主体的信息衔接，比如通过对股份公司进行城市更新意向问卷调查与座谈会接洽等方式，充分认识整体大沙河流域城市更新情况与各个片区的诉求意愿而形成的项目。

第三，针对大沙河创新走廊重点更新片区，系统梳理了片区推动城市更新的瓶颈。总的来说，大沙河创新走廊重点更新片区的主要问题如下。其一，可开发土地十分有限。留仙洞和曙光片区集中了重点更新片区主要的可开发土地，但是这两个片区都有明确的上位规划指定发展方向。留仙洞片区未来需要发展新兴产业总部基地，曙光片区则要承接向北扩展的高新区产业，在现有仓储用地基础上进行产业升级转型。其二，大量国有土地被占用。被非法占用的国有土地约占总用地的20%，建筑量约占总量的40%。城中村和旧工业区非法占用土地的比例甚至高达64.1%和57.9%，亟待通过存量规划系统整治。其三，潜在改造对象现状容积率较高。城中村整体毛容积率为2.7，旧工业区整体毛容积率为2.0。考虑到住宅建筑和工业建筑开发强度的自然极限，通过拆建比评估拆除重建的经济可行性，现状容积率超过2.5的潜在改造对象通常难以开展拆除重建。创新产业的发展是大沙河创新走廊规划建设的主要动因，而产业发展既应包括产业空间量的增长也应包括其质的提升。在现实条件下，应当运用综合整治、加建扩建、拆除重建等多种方式，促进创新产业量和质的提升。其四，公共设施严重缺乏。重点更新片区属于政府投入较少的地区，教育设施、文化设施、体育设施、商业设施等公共服务设施均十分缺乏，综合服务能力与原特区内其他地区的差距较大。吸引创新人才和创新企业进驻是大沙河创新走廊规划建设需要重点解决的问题。因此，重点更新片区需要重点完善公共服务，大力补充多样化多层级的公共设施，满足各阶层人群的公共服务需求。

第四，确定了大沙河创新走廊重点更新片区城市更新“政府主导”的实施方式。政府立足于宏观方向与政策指引，着力改善区域发展环境。将重点更新片区进一步划分为29个单元，这些单元将作为未来更细致、更详细的城市更新单元规划的编制范围。计划清理滨水土地作为公共资源，打造依山滨水标志地区，规划清理并建设公共设施用地共196公顷。为激发地区发展核心竞争力，科学布局政策性住房，吸引创新人才集聚。规划建设政策性住房约50万平方米。清理后用于建设政策性住房的土地有7.5公顷，按容积率5.0计算，建筑面积约为37.5万平方米。拆除重建项目规划包含住宅共157.82万平方米，按8%的比例计算，将提供政策性住房约12.6万平方米。落实政策性产业用房规划，为扶持战略性新兴产业发展，规划建设政策性产业用房约8万平方米，清理后用于建设政策性产业用房的土地约有10公顷，建筑总量约为65.6万平方米。拆除重建项目规划包含工业建筑共218.35万平方米，按8%比例计算，将提供政策性产业用房约17.5万平方米。

第五，确定了大沙河创新走廊重点更新片区的城市更新以“近远结合，分期实施”为原则的具体执行方案。重点推进西丽片区中心区的复兴和侨城北片区的升级转型，复兴西丽片区中心区并打造现代化国际化名片城区，提升南山区北部的综合服务能力，以点带面，带动周边地区发展。将对地区发展具有战略性作用的地区作为综合开发方案试点，依托优质的城市资源，推动侨城北片区的城市更新。促进拆除重建项目和开发项目建设的地区包括大学城东片区长源单元、侨城北片区各单元。遵循现行政策要求，曙光片区进行局部地块的规划调整，率先推进建设实施。留仙洞总部基地进行整体规划研究，做到规划先行。通过土地政策研究、综合开发方案试点的实践，运用综合手段推动九祥岭、塘朗地区的改造。

第六，针对大学城东片区、大学城西片区、留仙洞片区、曙光片区、西丽片区中心区、龙珠西片区、龙珠东片区、侨城北片区等地区进一步提出未来发展与规划的刚性控制要点。例如，《大沙河创新走廊规划重点更新片区城市更新专项规划》将大学城东片区定位为产学研融合片区，发展职能为以大学和科研为主导，加强大学外围的产业和生活配套功能发展。公共设施方面，1A 单元必须改建长源小学为 27 班九年一贯制学校。道路交通方面，必须推进塘朗路、大沙河两侧绿地以及傲梅路—塘思路、幽兰路—仙科路、禅竹路、塘开路建设双侧自行车专用道。公共空间方面，1A 单元新建公园/广场面积不能少于 1.1 公顷，1G 单元新建公园/广场面积不能少于 1.5 公顷。空间形态方面，1A 和 1G 单元内建筑物高度不得超过 100 米。至此，《大沙河创新走廊规划重点更新片区城市更新专项规划》编制完成。

最终，大沙河案例通过深圳市规划和国土资源委员会委托编制的《深圳市大沙河创新走廊规划研究》与深圳市规划和国土资源委员会第二直属管理局委托编制的《大沙河创新走廊规划重点更新片区城市更新专项规划》解决了南山分区规划到期与定位偏差的问题，填补了大沙河创新走廊北部大部分缺乏法定图则覆盖的“天窗区”与“留白区”，同时也为配合深圳产业转型升级、打造产学研片区等市级战略提前摸排好情况，为腾挪空间提出了具有可执行意义的政策建议，对大沙河案例的模式分析如图 6－3 所示。

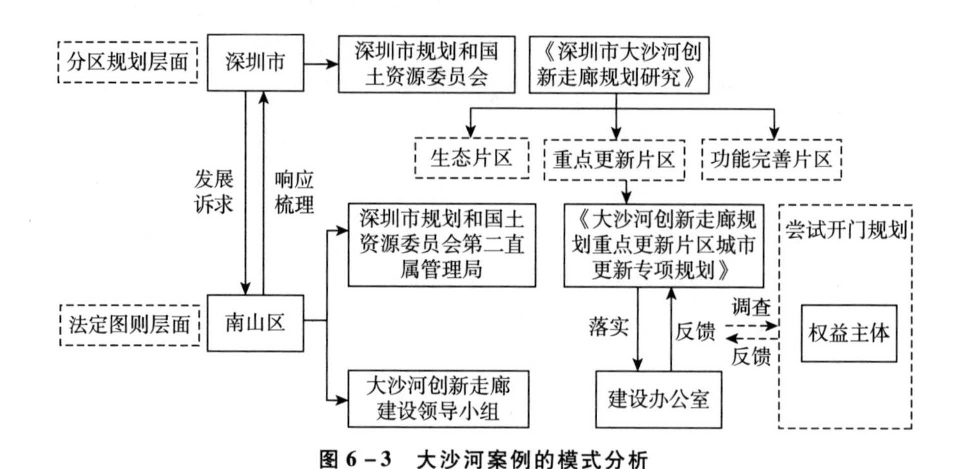

图 6－3　大沙河案例的模式分析

6.5　本章小结

大沙河案例规划制定的推进首先是因为南山区政府希望通过规划手段系统提升大沙河流域整体发展水平、解决大沙河流域南北片区发展差距的问题，通过系统性梳理及填补既往法定图则的“天窗区”与“留白地”，统筹布局空间性政策，指引片区未来发展方向；其次是因为南山区政府希望通过打造大沙河创新走廊契合国家创新发展战略与深圳市高新技术产业和创意文化产业发展机遇，在产业升级与转型的背景下优化空间，进而改善城市空间环境、改善城市面貌和景观环境、完善城市基础设施与公共服务配套、提升西丽片区中心区服务功能。《大沙河创新走廊规划重点更新片区城市更新专项规划》的制定是政府立足大沙河重点片区内部土地的“倒转腾挪”与“肥瘦搭配”实现土地提质增效的手段，也就是在占有权上的指标置换以及使用权上的优化调整。《大沙河创新走廊规划重点更新片区城市更新专项规划》的制定也是政府确立存量空间“准法定图则”的举措，“准法定图则”的性质规范了未来城市更新单元的处置权和收益权，这在块状管理层面体现了管理的硬约束。综上所述，大沙河案例是条状管理松约束与块状管理硬约束的组合。

政府主体通过“政府主导，统筹布局”的模式，将大沙河创新走廊分为重点更新片区、生态片区以及功能完善片区，然后针对重点更新片区进行系统的存量规划方向分析，具体包括：第一，系统梳理片区内的现状土地权属与现状建设，摸清了区域的可开发土地与潜在改造用地；第二，系统梳理片区内可能推动存量规划的项目；第三，针对大沙河创新走廊重点更新片区，系统梳理片区推动城市更新的瓶颈；第四，确定了大沙河创新走廊重点更新片区的城市更新“政府主导”的实施方式；第五，确定了大沙河创新走廊重点更新片区的城市更新以“近远结合，分期实施”为原则的具体执行方案；第六，针对大学城东片区、大学城西片区、留仙洞片区、曙光片区、西丽片区中心区、龙珠西片区、龙珠东片区、侨城北片区等地区进一步提出未来发展与规划的控制要点。

大沙河案例原来的不完整性在机制维度上体现为有限理性，大沙河案例城市更新规划的首要目标是解决南山区北部地区已批规划覆盖区域较少、分区规划期满、法定图则制定进程推进缓慢的现实问题，尤其是《深圳市大沙河创新走廊规划研究》划定的重点更新片区基本没有法定图则覆盖的问题。在这里，分区规划的到期以及对于大沙河创新走廊定位的偏差体现了原有城市规划对于未来发展的有限理性，缺乏法定图则覆盖体现了原有城市规划对于现状建成地区规划管理的有限理性。

大沙河案例原来的不完整性在修复维度中体现为立足于空间格局平衡的全域统筹思维。大沙河流域原来没有形成空间联动的效应，呈现的是“满天星”式的发展状态。大沙河创新走廊建设领导小组与建设办公室就是为了改变空间分立状态而成立的南山区内部跨行政边界管理机构，通过自上而下的“政府主导，统筹布局”模式来配合国家创新发展战略并把握深圳市高新技术产业和创意文化产业发展机遇。

最终，大沙河案例通过深圳市规划和国土资源委员会委托编制的《深圳市大沙河创新走廊规划研究》与深圳市规划和国土资源委员会第二直属管理局委托编制的《大沙河创新走廊规划重点更新片区城市更新专项规划》解决了南山区分区规划到期与定位偏差的问题，填补了大沙河创新走廊北部大部分缺乏法定图则覆盖的“天窗区”与“留白区”，同时也为配合深圳产业转型升级、打造产学研片区等市级战略提前摸排好情况，为腾挪空间提供了可执行的政策建议。需要指出的是，大沙河案例是政府单一主体为实现空间优化的目标而制定规划的城市更新案例，实际上仍是通过自上而下的设计来实现统筹的，缺乏村集体主体、旧厂主体和企业主体的直接主动参与过程，其规划制定目标也被定位于“准法定图则”层面。正是由于这样的合约结构，大沙河案例规划执行过程中可能仍然潜存着和增量规划时代下落实法定图则时相似的问题。

第7章

“紧-硬”与“松-软”二元性约束下的南头古城案例分析

7.1 南头古城案例前期规划与背景

南头古城（又名“新安故城”）位于深圳市南山区，面积约为0.47平方千米。南头古城在深圳的地位尤为特殊，它不仅仅是一个城中村，还是深圳古代历史的核心载体，是深圳城市发展的原点，也是深港历史文化之根。南头古城至今已有1700多年历史，是深圳与香港的历史之根、文化之源。

早在公元前约100年的汉武帝时期，南头古城就是全国28处盐官之一的番禺盐官驻地，是历代岭南沿海地区的行政管理中心、海防要塞、海上交通枢纽和对外贸易集散地。时至今日保留下来的南头古城城墙建于明朝洪武年间，明中期恢复新安县后南头古城为县治所在。清朝末年，清政府与英国政府关于割让港九的中英新界界址勘划会商就在南头古城内进行。民国3年（1914年）广东省将新安县更名为“宝安县”（见表7-1），但是县治仍在南头。改革开放以来，伴随着外来人口数量的激增，传统建筑和民居被大面积拆除重建为“农民房”与“出租屋”，古城建筑与“握手楼”交错相间。南头古城的存量规划是兼顾历史文化保护以及城中村改造的存量规划案例，我们将之简称为“南头古城案例”。

南头古城案例区域处于《深圳市南山06-04&05号片区［同乐地区］法定图则》范围内，功能定位是根据规划区特殊的地理位置和复杂的用地构

表 7-1　南头古城建制沿革

重要历史时间节点	南头古城建制
三国吴甘露元年（265 年）	设立“司盐都尉”，筑司盐都尉官署“司盐都尉垒”
东晋咸和六年（331 年）	设“东官郡”
唐天宝元年（742 年）	恢复“宝安县”建制（757 年并入东莞县）
唐贞元元年（785 年）	恢复“宝安县”建制（805 年并入东莞县）
明万历元年（1573 年）	恢复建制，更名“新安县”（1667 年并入东莞县）
清康熙八年（1669 年）	恢复“新安县”建制
民国 3 年（1914 年）	更名“宝安县”
1953 年	南头设区
1983 年	深圳市内部设立二线关，南头古城成为二线关边缘的生活区
1990 年	成立南头城居委会

资料来源：根据南头古城博物馆（2007：10～24）及崔洁（2009）整理。

成，充分利用中山公园和荔枝林等优越的自然资源，完善和发展已建成的街坊用地，控制居住用地的发展规模，合理安排教育及相应的配套设施，未来建设成为特区内外的过渡缓冲区、南山区的建设发展区和环境优美的生态规划区。同乐地区法定图则所确定的土地用途是对未来土地使用的控制和引导，现状合法的土地用途与法定图则规定用途不符的，原则上可以继续保持原有的使用功能。法定图则中明确的南头古城保护范围界线、重点文物保护单位具体位置、南头古城的整体保护等内容以已批的古城保护专项规划为准。南头古城保护范围内不得在地面、地下及空中进行其他建设工程，在建筑控制范围内进行修建或改造的设计方案须在征得文化行政管理部门同意后，报城市规划管理部门批准。南头古城保护范围内一般风貌恢复区、乡土民居重点维护区、文物古迹整理区、教堂环境控制区、风貌协调区、过渡协调区范围内的修建和改造须符合古城保护的具体要求。

需要指出的是，自改革开放以来古城内各类建筑无序发展，导致原有规划难以付诸实施。同时古城内居住人口数量激增，城内各项基础设施已无法满足日益增加的人口的需求。在 38.5 公顷的南头古城保护范围内，总计有 1294 栋 538621 平方米建筑，其中 1980 年后的现代建筑占古城总建筑量的 91.4%，具有历史保护价值的建筑仅占约 5%；居住人口约 3 万，其中外来人口占比接近 90%。同时，南头古城内部排水、排污等市政设施长期超负荷运转，"脏乱差"情况日益严重。南头古城的历史演进过程实际上就是从"古城"转变为"城中村"的过程。

7.2 南头古城案例缔约背景的二元性

7.2.1 点状保护下"紧－硬"约束

1997年，古建筑学家罗哲文教授在全国政协八届五次会议上倡议对深圳市南头古城进行全面规划保护并提交《关于对深圳市新安县城进行全面规划保护的建议案》(全国政协八届五次会议第2234号提案)。同年，深圳市南山区政府根据深圳市人民政府办公厅批转的《关于对深圳市新安县城进行全面规划保护的建议案》发布了《关于整修新安故城的通知》，开始尝试推进对南头古城以文物保护为主旨的工程改造。需要指出的是，以实体文物为核心的保护规划都是点状保护。

1983年7月至1988年7月，深圳市政府分三批公布了南头古城内5处市级文物保护单位。2002年7月，广东省政府将"南头古城垣"(南城门)确立为广东省第四批重点文物保护单位之一。南头古城是深圳市区内文物保护单位最集中的地区，截至2017年，合计共有1处广东省文物保护单位(南头古城垣)、4处市级文物保护单位(东莞会馆、信国公文氏祠、育婴堂、解放内伶仃岛纪念碑)、1处区级文物保护单位(南头村碉堡)、11处未定级不可移动文物、32处历史建筑、5棵古树、7口古井、3处地下文物埋藏区(魏晋护壕、明代护城河、地下古墓葬群)。

需要指出的是，南头古城内部实体文物所代表的点状不可移动文物受到《中华人民共和国文物保护法》严格的法律保护。《中华人民共和国文物保护法》指出，基于历史、艺术和科学的价值，不可移动文物可以分别归类为全国重点文物保护单位，省级文物保护单位和市、县级文物保护单位；对不可移动文物的修缮、保养、迁移等行为，必须遵守不改变文物原状的原则；对不可移动文物的使用，必须遵守不改变文物原状的原则，并对建筑物及其附属文物的安全负责，不得损毁、改建、添建或者拆除不可移动文物；对于危及文物保护单位安全、破坏文物保护单位历史风貌的建筑物、构筑物，当地人民政府应当及时调查处理，必要时予以拆迁；未经许可，不得擅自迁移与拆除不可移动文物，不得擅自修缮不可移动文物并明显改变文物原状，不得擅自在原址重建已全部毁坏的不可移动文物。基于此，本书认为以实体文物为核心的点状保护规划体现的是“紧－硬”约束，实体文物的占有权、使用权、处置权和收益权等都受到法律的严格保护。

7.2.2 面状保护下的“松－软”约束

尽管南头古城内部的点状保护属于“紧－硬”约束，但是自改革开放以来，南头古城垣范围内新建的各类建筑无序发展，流动人口激增。政府希望落实的文物保护管理以及改造计划最终都无法落地，同时古城内各项基础设施都超负荷运转，古城内“脏乱差”的情况日益严重。面对南头古城日益增大的保护压力，深圳市政府与南山区政府开始积极推进针对南头古城的以保护为主旨的规划编制。1998 年 6 月，南山区文物管理委员会和市规划国土局南山分局、深圳市政府委托中国城市规划设计研究院深圳分院编制了《南头古城文物保护规划》。1997 年，深圳市政府委托中国城市规划设计研究院深圳分院编制了《深圳市新安古城保护规划与城市设计》。2008 年，深圳市政府委托中国城市规划设计研究院深圳分院编制了《深圳市城市紫线规划》，划定了南头古城文物保护管理的“紫线”，进一步强化了对南头古城的保护。2010 年，深圳市政府委托深圳市城市空间规划建筑设计有限公司编制了《深圳市南头古城保护规划》，开始从城市规划的角度统筹历史文化保护与城市更新。《深圳市南头古城保护规划》提出了分区管制思路，将古城分为风貌恢复区、风貌改善区、风貌整治区、风貌协调区和开敞空间保护区；将南头古城的经济发展与历史保护的目标相结合，提出了打造一个以南头古城内的各类传统风貌建筑为空间载体，以官府文化、宗祠文化、古代商会文化、古代军事文化、市井文化以及民间私藏文化等为主题的主题博物馆展示体系。2017 年，深圳市文物考古鉴定所又在南头古城地下文物埋藏区范围中划定了“南头古城地下遗址范围线”，南头古城整座古城的地下皆被界定为地下文物埋藏区，属于地下遗址建控地带。2020 年，深圳市政府又根据《中华人民共和国文物保护法》进一步划定了南头古城的保护范围线与建设控制地带（简称“两线”）范围。事实上，上述规划方案中以单位范围为核心的保护规划是一种面状保护。

尽管这些以保护为主旨的规划为保护古建筑提供了管理依据与特定约束，取得了一定效果，但是南头古城案例具有特殊性。南头古城的历史文化保护对于深圳具有重要的意义，但是南头古城案例中现状建筑多、历史文化建筑少，人口基数大、外来人口多，能够实际管控的人口有限。南头古城内部不断扩张的城中村以及聚集的大量流动人口都在事实层面说明居民拥有占有权以及使用权，南头古城案例面状保护下的条状管理是一种松约束。同时，政府主体在面对南头古城内部庞大的城中村流动人口居住群体时也只能通过不断地调整适应性策略来落实文物保护方案与规划方案。政府主体为开展兼顾文物保护与城市规划、统筹管理政策及其执行落实、实现城市公共利益与城中村权益主体利益的平衡等规划管理工作就南头古城案例进行协调，即形成块状管理层面的软约束，政府主体为了有效且优先实现文物保护的目标，只能灵活化处置权并让渡收益权。因此，以单位范围为核心的面状保护规划体现的是“松－软”约束。

综上所述，南头古城案例体现出了点状保护下的“紧－硬”约束与面状保护下的“松－软”约束，即“紧－硬”约束下的南头古城案例（Ⅰ）与“松－软”约束下的南头古城案例（Ⅱ）（见图7－1）。

7.3　南头古城案例路径策略调整

南头古城案例具有复杂性的特点，一般案例很少会涉及文物保护部门与规划管理部门的交叉管理，然而南头古城案例的历史与现实背景却对政府的城市更新工作提出新的挑战。南头古城案例既涉及文物保护部门的管理，也涉及规划管理部门的城中村管理。

对于南头古城案例的管理，最先介入的是文物保护部门，2000年，南山区政府启动了南门广场改造工程，计划改造总面积约3.6万平方米，共投资4.9亿元。南门广场改造工程取得了初步成果，完成了地下管线铺设和部分地面绿化工程，但是项目最后因拆迁和资金问题被迫停顿。2008年，深圳市南山区政府对中山南街、东街的改造进行了可行性研究，计划投资1.1亿元开展改造，项目最终同样因资金问题未能启动。现实场景中的城中村形态对单维度的文物保护工作路径提出了巨大挑战。

同样，规划管理部门对于处理城中村问题具有经验，但是对于处理南

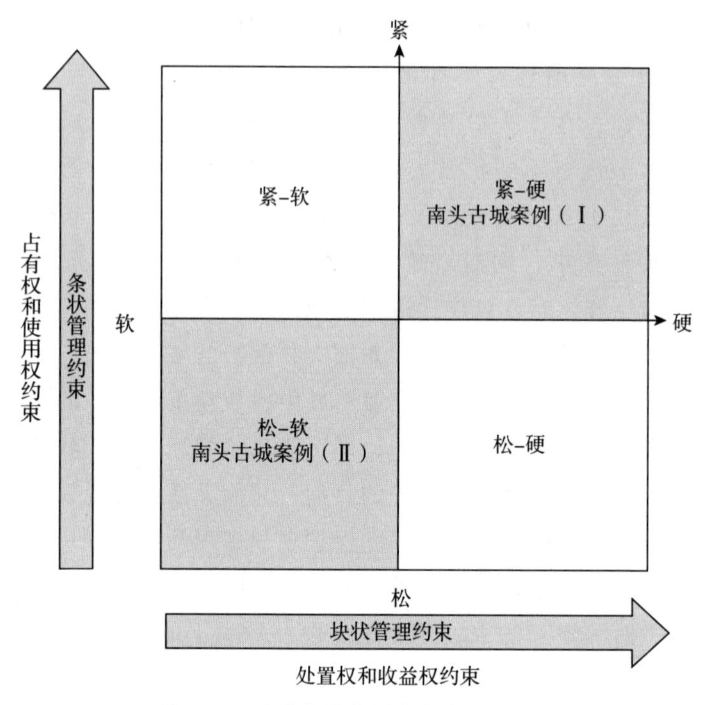

图 7－1　南头古城案例的制度约束分析

头古城案例中这些重要文物单位却缺乏足够的应对经验，因此规划管理部门对于南头古城案例也进行了长久的内部讨论。2012 年，以深圳市规划和国土资源委员会为代表的市级政府在深规土〔2012〕189 号文件中明确表示，鉴于南头古城特殊的历史和社会价值，南头古城的城市更新不能等同于一般城中村改造，因此《深圳市南头古城保护规划》的实施应该以“就地保护、活化整治”为路径。具体可以活化整治保护范围以外的现有建筑，以街坊为单位划定文化、商业、展示、创意等弹性功能区，通过将新功能业态注入老建筑的方式统筹解决原业主利益分配问题。南头古城的保护需要居民参与，异地安置的方案不利于传统文化的传承。

南山区政府则在深圳市规划和国土资源委员会咨询对《深圳市南头古城保护规划》意见的时候针对规划实施方案提出了相反的意见。南山区政府认为就地保护应该只针对南头古城的文物和历史建筑，但是南头古城内部的建筑主体是近年来新建的违法建筑，一方面这些占据很大比重的“法外”建筑会严重阻碍南头古城历史文化保护工作的开展，另一方面南头古城内部城中村利益格局错综复杂，如果不从根本上解决城中村背后的利益关系问题，未来也就不可能彻底实现规划目标。因此，针对南头古城的规划实施方式应该是通过异地安置方式进行产权置换，然后再由政府引进投资主体依照规划全面恢复古城风貌。

为了进一步支撑区级政府的规划实施方案，2014 年，南山区政府又基于《深圳市南头古城保护规划》开展了对南头古城保护规划实施方案新的专题研究，系统对比两套规划实施方案。方案一的整体思路是“就地保护、活化整治”，主要内容是对南头古城重点文物保护区内的建筑进行产权置换，实施清理，对其余建筑进行局部改造。该方案的优点是拆迁量少、周期短，缺点是风貌无法恢复、人口量难以下调、新业态植入困难、整体效果不显著。实施该方案，需要政府无偿提供物业补偿面积约 11 万平方米。方案二的整体思路是“就地保护、全面活化”，主要内容是对南头古城内全部建筑进行产权置换，然后按照规划要求进行风貌恢复，引进新业态，调整人口结构，实现全面活化。该方案的优点是环境明显改善、文物得到根本保护、经济效果好，缺点是动迁补偿量大、周期长。实施该方案需要安置面积约 36 万平方米，但可采取商业开发模式运作。以深圳市规划和国土资源委员会为代表的市级政府倾向于方案一，而南山区政府仍然倾向于方案二。市级政府和区级政府不断地针对南头古城案例规划实施方案进行讨论与协调，最终，2017 年 8 月 8 日，南山区政府在深南府函〔2017〕95 号文件中决定仍然按照《深圳市南头古城保护规划》提出的“就地保护、活化整治”方案对南头古城进行保护利用。由此，市级政府与区级政府关于南头古城规划实施方案的讨论告一段落，在两级政府关于规划实施方案的意见得到统一后，南山区政府开始委托深圳市城市空间规划建筑设计有限公司制定《深圳市南头古城保护规划建设实施方案》。

综上所述，在机制维度上，南头古城案例原有的不完整性体现为实验主义治理策略。南头古城的政府主体保护工作一开始只是落足于单一的文物保护路径，没有充分考虑到针对南头古城的保护需要建立在复杂的城中村格局基础上。因此，南头古城前期的保护规划始终未能取得根本性效果，甚至还会经常出现预算超支与维护经费高昂等问题。城市文化遗产是全体城市居民重要的财富，是“让城市留下记忆，让人们记住乡愁”的主要基础。如何在推进深圳现代化建设的同时传承文化遗产，值得政府和市民共同思考和探索（单霁翔，2007），这些遗产是城市本体的特色，也是避免千城一面的内在法宝（王景慧，2004）。在不完整性的修复维度上，深圳市政府立足城市公共利益，协调了众多管理部门、统筹了不同层级部门的意见、花费了巨大资金投入南头古城案例中。因此，在修复维度上，南头古城案例不完整性表现为公共利益考量（见图 7－2）。对比其他城市更新案例，政府主体承担了更多的跨部门与跨主体沟通协调工作，一方面需要着力促使保护方案和规划方案并举，另一方面又需要着力激发产权主体内在认同和内在保护动机，最终还需要通过引入企业主体落实城市更新方案。

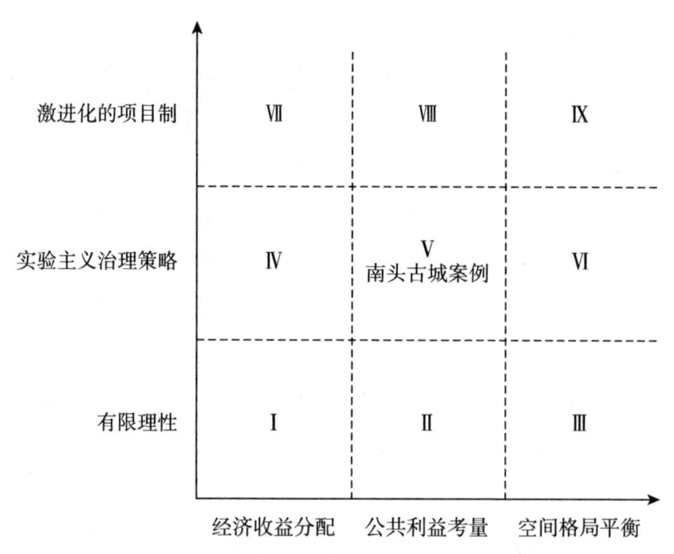

图 7－2　南头古城案例的机制维度与修复维度分析

7.4　南头古城案例“关系－要素－结果”分析

在落实规划的过程中，南头古城案例同样涉及了多部门与多主体的协调。对于政府主体内部多部门的协调，我们可以通过以下案例进行分析。2020 年 9 月 8 日，深圳市南山区政府向深圳市政府请示南头古城现状建筑物拆迁与安置、补偿等问题。南山区政府计划拆除南头商业城（T302－0034 宗地）、深圳和美妇儿科医院（T302－0057宗地）及南头古城内部分建筑，整体改造提升共需拆迁安置建筑面积约3.1万平方米。根据既有的规划方案及考虑到补偿方案可实施性，南山区政府计划对该地区进行产权调换。在安置用地选择上，南山区政府初步选定了南山汽车站地块（T201－0003宗地）进行产权调换。

南山汽车站地块于1995年2月经协议出让给YSFW公司，土地性质为非商品（限自用），土地用途为长途汽车客运站，法定图则将其划为长途客运站＋二类居住用地。毗邻北环大道、广深公路、深南大道、宝安大道等主干道和快速路，周边有前海天虹、前海公园、荷兰花卉小镇、南头中学、北大附中深圳南山分校等配套设施，现状条件也较适合用于产权调换。但是在南山区政府征询意见的过程中，深圳市国有资产监督管理委员会立足于维护地方企业资产与利益的角度提出异议：第一，南山汽车站地块是YSFW公司合法土地资产；第二，该企业运转正常且符合地区发展需要；第三，南山汽车站地块当时已经被政府列入2020年度土地供应计划用于安居工程建设，因此不宜再将该地块作为南头古城建筑拆除后的产权调换用地。

南山区政府迅速回应了深圳市国有资产监督管理委员会的意见：第一，推进南头古城的保护与发展工作具有更优先的次序；第二，虽然南山汽车站地块已经被列入2020年度土地供应计划用于安居工程建设，但是通过适当优化规划方案，比如在落实安居工程及原有汽车站等公共配套功能的基础上进行分宗开发、适当提高现有容积率、增加商业功能等，就能够统筹资源满足搬迁安置、住房保障及长途客运站发展的需求。

2020年9月10日，深圳市政府进一步介入南山汽车站地块产权调换问题的讨论，最终由深圳市常务副市长定调批示，“这是一项重要工作，请市国资委予以支持，既要满足公共站场用地、功能需要，又要为全市大局做贡献”。

需要指出的是，南头古城的规划与发展不仅涉及政府主体内部方案协调，同时也涉及其他相关主体的参与。首先是学界与公众的讨论与介入，2017年，深圳在南头古城内举办了深港城市/建筑双城双年展，以公共文化为城市触媒，通过为学界与公众创造讨论南头古城的对话空间，引发社会对于南头古城保护与发展的激烈讨论，一方面通过热点吸引更广泛的社会关注，另一方面将这些来源广泛的社会参与经验纳入规划方案，推动规划实践发展。在这个过程中，政府在汇集公众讨论意见基础上形成了对南头古城公共空间社会层面的认识，通过配套资金支持实现南头古城公共空间由点及面的激活，复原了沿街廊檐、设置了标准停车场、增加了垃圾箱与公共厕所等，最终改善了公共空间整体环境面貌（邹兵、王旭，2020）。尽管深港城市/建筑双城双年展为南头古城创造了社会热点，但是公共文化活动毕竟具有时效性，同时其带来的方案对于解决南头古城的问题来说较为表面化。深港城市/建筑双城双年展结束以后南头古城的社会影响力就逐渐降低，诸多双年展成果被拆除，南头古城也逐渐复原为原本的状态。其次是企业主体的进驻，在最终确定 WK 公司为企业主体之前，政府主体先后引进了六七家公司进驻南头古城，并对古城进行规划，然而，由于各方意见不统一，南头古城存量规划的开发与保护工作长期未能取得实质性进展。截至本书撰写完成时，WK 公司作为南头古城案例新的企业主体与 NTC 公司（南头城村集体资产管理委员会控股）合资运营，一方面制定了南头古城活化与利用项目规划和重点区域设计方案，另一方面正在通过综合整治方式推进落实设计方案。根据上述情况，南头古城案例的模式分析如图 7－3 所示。

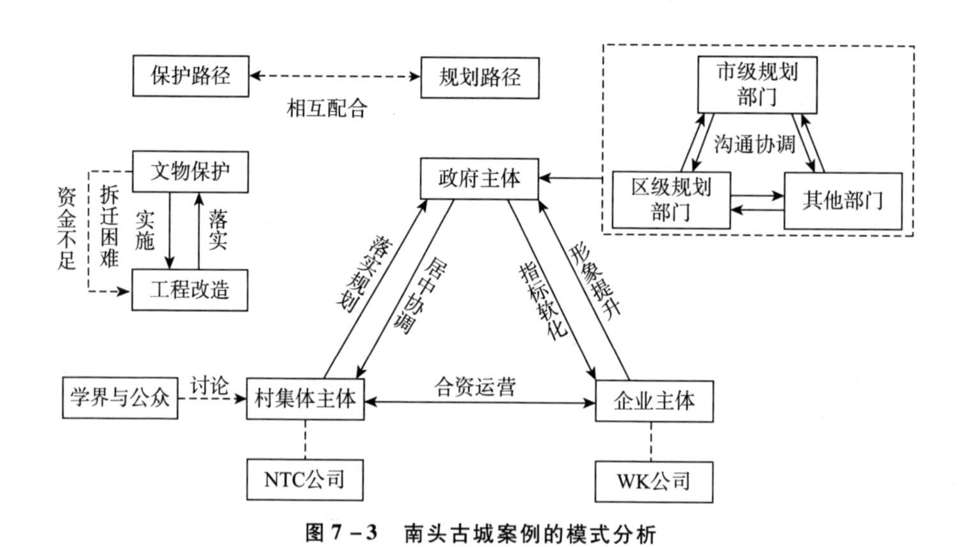

图 7－3　南头古城案例的模式分析

7.5　本章小结

虽然南头古城拥有历史文化的内核，但是在发展进程中却呈现出典型的城中村面貌。伴随着深圳城市化浪潮不断推进，南头古城内部建筑也迅速被增建或抢建的城中村替代，形成了古城与城中村交织在一起的复杂格局，而且南头古城内部的城中村常住人口密度高达77922人/千米^2，远高于深圳一般地区。正因如此，深圳市政府历次以历史保护或文化保护为名义的介入都未能产生有意义的保护效果。政府主体关注的是历史文化保护，但是居住主体关注的是低成本生活；政府主体希望通过改造保留城市记忆，但是居住主体却担心改造后的“绅士化”效应导致生活成本提升；政府主体希望居住主体自觉主动地参与到历史文化保护过程中，但是流动人口占绝对多数的居住主体并没有形成对南头古城的文化认同。政府主体最终认识到通过单一历史文化保护手段的介入都未能奏效，对于南头古城的活化与改造需要走出传统的历史文化保护模式。

在南头古城案例中，对于实体文物的保护是一种“紧－硬”约束。其中紧约束体现在南头古城内部点状实体文物是一种“不可移动文物”，硬约束体现在《中华人民共和国文物保护法》列出了针对关于“不可移动文物”的违法行为的严格惩戒措施，实体文物的占有权、使用权、处置权和收益权等都受到法律的严格保护。同时，在南头古城案例中，以单位范围为核心的保护是一种“松－软”约束。其中松约束体现在政府主体将90%以上的城中村纳入了文物保护的面状范围内，但是这些面状保护在存在城中村与大量流动人口的现实条件下往往无法得到严格的落实并经常受到挑战，南头古城内部居民在事实层面拥有占有权以及不断扩展的使用权。软约束体现在政府主体为了能够在既有条件下推进南头古城案例中的保护工作，只能在兼顾文物保护与城市规划的结合、管理政策与执行落实的统筹、城市公共利益与城中村权益主体的利益平衡等现实性问题的同时以协商处理的方式推进规划管理工作，灵活化处置权并让渡收益权。

南头古城案例原来的不完整性在机制维度中体现为实验主义治理策略，政府主体对南头古城的保护工作最初仅仅落足于单一的文物保护路径，并未充分考虑到其规划工作实际上建立在复杂的城中村基础上，因此针对南头古城的前期保护规划最终都未产生根本性效应。城市的发展不仅仅是物质的进步，也应该留得住城市的记忆。历史文化是一个城市发展的根与源，因此政府主体在不完整性修复维度中立足于城市发展长远的公共利益推进了该项目。南头古城案例的完整性修复，一方面需要实现保护方案与规划方案并举，另一方面需要实现激发产权主体内在认同与内在保护动机。

2019 年 3 月，经过 40 多轮的反复研讨后，南头古城活化与更新项目正式引入 WK 公司作为企业主体进行开发。紧接着，2020 年 3 月，南山区政府专门就南头古城保护与利用发布了 1 号任务令，动员南头街道办完成了对 1324 人的谈判工作，统筹了示范段 88 栋约 4 万平方米建筑统租任务，截至本书撰写完成时已经完成了大部分政府内部协调与统租工作，下一阶段南头古城的存量规划仍在继续推进，有待后续追踪观察。

第8章 存量规划实施的影响因素

8.1 项目的必要程度与时间的紧迫程度

对于政府主体与企业主体而言，在城市规划制定与实施过程中，增量规划的收益远高于存量规划的收益，因此对于一个城市而言存量规划只有在有高层级指标约束或者城市内部新增建设用地指标约束的条件下才具备可实施性。尽管本书认为在新型城镇化建设与生态文明建设的时代背景下，城市规划从增量规划向存量规划转型是未来国土空间规划发展的必然趋势，然而这种趋势可能具有尺度效应，因此城市规划从增量规划向存量规划的转型在不同空间尺度将表现出不同的必要性与紧迫性。

本书认为，深圳市存量规划实施的根本原因在于增量建设用地供给已经达到瓶颈，因此存量规划势必成为未来推进城市规划直面的议题。目前，与深圳市面临相似存量规划实施条件的还包括广州、上海、南京与厦门等城市，广州、上海、深圳几乎同步地设置了管理存量规划的专职部门、颁布了专项城市更新办法、建立了成体系的规划管理要求，属于我国第一批探索实施存量规划的城市。需要指出的是，这些城市内部都具备推行存量规划的必要性与紧迫性。从全国城市的整体特征而言，实施存量规划的紧迫性表现为东部城市强于西部城市、城市化水平高的城市强于城市化水平低的城市、市区开发程度较高的城市强于市区开发程度较低的城市。

同时，深圳市内部下辖的各个区也存在着不同的存量规划实施必要性与紧迫性。相对而言，深圳关外的六个转型发展区（宝安区、龙岗区、龙华区、坪山区、光明区、大鹏区）存量规划实施紧迫性总体上强于深圳关内的四个成熟饱和区（福田区、罗湖区、南山区、盐田区）。根据2019年深圳市各区新增城市更新单元计划公告，2019年深圳市新增城市更新项目数量一共为102个，新增拆除规模约7.90平方千米，其中龙岗区、宝安区与龙华区位列数量与规模前三，数量占比分别为28.43%、15.69%、21.57%，加在一起超过总数量的60%；规模占比分别为34.34%、19.05%、18.00%，加在一起超过总规模的70%。

综上所述，对于所有社会主体而言，实施存量规划的前提是把握好所在地区各个尺度层面城市规划转型的程度，这既是构建合约视角下存量规划的背景条件，也是实施合约视角下存量规划与城市更新规划的基础。

8.2 社会主体之间互动的顺畅程度

本书认为，使用合约的视角看待增量规划与存量规划，这两类规划实际上存在着不同的合约结构与合约过程。在增量规划背景下，尽管城市规划制定过程有明确的公众参与环节，但是在注重对规划建设部门授权、忽视公众参与立法的实际操作中，事实上形成了“政府强制实施，公众被动配合”的合约过程（罗小龙、张京祥，2001）。存量规划的实施包含新的合约过程，存量规划一方面涉及政府主体标准化审批流程，这属于城市规划常规环节，具有明确的管理规范，比如存量规划单元计划申报与单元规划审查都有明确流程与用时规范；另一方面涉及多元主体关于合约内容的协调与博弈，涉及关系确立、要素分配与实施保障等事宜。在这个过程中，流程与时效性都变得不可控，反映到现实中就是存量规划的周期都相对较长，比如大冲案例区域城市更新前前后后共历经了16年的沟通与谈判，沙河案例中的村集体主体在选择合作企业主体时前前后后就替换了7家企业。

政府主体的标准化审批流程属于城市规划常规环节，具有明确的管理规范。以龙岗区城市更新和土地整备局为例，计划申报环节所涉及的综合科收文、前期科提出意见、业务会审议、组织更新意愿公示、前期监管协议备案、主任办公会审议、出具更新单元核定意见等整体流程需要20个工作日，压缩后为15个工作日；后期的单元规划审查环节所涉及的综合科收文、前期科提出意见、组织行管部门规划协调会、业务会审议、主任办公会审议、形成正式意见复函管理局等整体流程需要10个工作日，压缩后为8个工作日。然而，需要指出的是这仅仅是存量规划相对容易完成的环节，推行存量规划的主要工作在于合约关系的缔结。

多元主体关于合约内容的协调与博弈首先需要社会主体之间具有缔结合约的初始意向，各个主体都具有通过合约关系缔结提升既有收益的动机；其次受各个主体对于存量规划的重视程度影响，比如政府主体是确立实施方式、将项目列入计划、审查的主体，因此也是存量规划政策的关键影响主体，政府主体有推进意向的项目往往能够给其他主体更多让利。在本书中，沙河案例中政府主体为了加快项目进程，直接定调可以施行地价优惠、容积率突破限制和商业用地增加等政策，类似的举措无疑大大地加快了项目实施进度。一般而言，如果存量规划能够嵌入政府主体重点项目或者试点项目中，往往就能够获得政府主体自上而下的支持，进而能够加快项目立项、编制、审批的进度。

现实场景中部分村民个体与村集体主体之间可能存在着张力关系，尽管村集体主体一般能够代表绝大多数村民个体的意见，但是这里的绝大多数并非所有与全部，在现实场景中也会经常出现有村民不签约的情况，因此村集体与部分村民个体的意见统合过程也会影响存量规划的实施效率。在本书中，大冲案例就出现了类似的情况，一部分村民到存量规划要实施的阶段仍然不同意规划实施，最终DC公司召开全体股东代表大会通过了《关于采取有效措施加快推进大冲旧改的决议》与《致未签约村民的公开信》，并以妨害公共利益为由对8户未签约村民进行起诉，通过司法途径完成了拆除。一般而言，如果村集体主体拥有绝大多数村民个体的支持以及强大的执行力，往往能够减少规划编制与规划实施过程中的阻力。

企业主体是提供存量规划市场资本的主体，对于企业主体而言，能够获利的项目可能都需要通过争抢来获得，获利较少的项目可能存在着“无人问津”的情况，这就是企业主体针对存量规划项目的“挑肥拣瘦”行为。同时，企业内部的运营状况与资本状况也会直接反映在存量规划进度上，因此企业主体的资本投入事关存量规划实施与建设进度。此外，社会主体内部的完整程度会影响主体意见与行动效率，多元社会主体之间关系的稳定程度最终也会影响到存量规划实施的周期。

8.3 社会主体多元化的复杂程度

一般的存量规划或者现行的存量规划所考虑的都是存量规划的主要社会主体，即政府主体、村集体主体与企业主体，但是伴随着更加复杂的存量规划情形出现，也可能出现其他主体。比如在涉及历史文化保护的存量规划中，南头古城案例里学界与公众以深港城市/建筑双城双年展为契机进行介入，尽管在本案例中学界与公众对于南头古城案例的介入程度有限，但是他们的介入无疑快速提升了社会各界对南头古城的关注度，这启发我们对城市规划现实情境中其他可能出现的社会主体进行关注。在深圳市湖贝古村的改造过程中，改造的实施就持续收到了以建筑师和学者群体为代表的社会公共力量围绕着古村历史建筑保护等议题提出的反对意见，比如在2016年同时发生的三件事——吴良镛等6位院士联名致信要求保留湖贝古村、同济大学古城保护专家阮仪三教授针对湖贝古村提出“未定级不可移动文物先予保留”原则、“湖贝古村120城市公共计划”发布《湖贝呼救——〈湖贝古村120城市公共计划〉致深圳市建环艺委的意见书》，社会公共力量的介入使得湖贝古村改造超脱于政府主体、村集体主体与企业主体的关系建构，社会公共力量在具有绝对话语权或者逐渐演化增强的情况下，甚至能够左右存量规划的方案与实施进度。

本书认为，一般经验中经常使用的三个社会主体与三角形关系是一种最简单的存量规划社会主体结构，它是为了提高存量规划的编制与执行效率而建立的只考虑最核心社会主体的理想化模式框架。以本书中沙河案例为例，在《南山区沙河街道沙河五村城市更新单元规划》公示阶段，就出现了沙河五村周边地区居民呼吁将其一并纳入沙河五村城市更新单元共同进行更新改造的诉求。政府主体认为，一方面，沙河五村城市更新单元范围在前期就已经过专题研究得到明确，已经确定的沙河五村城市更新单元范围划定也符合深圳市政府相关会议精神；另一方面，将其他地区纳入沙河五村城市更新单元，势必影响项目整体改造进程并遭到BSZ公司2000多名股东和村民的反对，有可能进一步引发新的社会问题。因此，南山区政府建议深圳市规划和国土资源委员会尽快完成沙河五村规划审批工作，推动该规划早日实施。此外，也出现了沙河五村内商户及其他租户要求参加拆迁补偿谈判维护自身权益的情况。沙河五村地区存在着数量庞大的租户、商户利益群体，此次城市更新并未纳入他们的权益诉求，他们也在整个城市更新过程中积极要求参与拆赔谈判。当时政府主体根据《深圳市城市更新办法》中“实施拆除重建的权利人应当依法解决拆除重建项目范围内的经济关系，自行拆除、清理地上建筑物、构筑物及附着物等”的解释，建议租户与业主（即权利人）根据租赁合同和相关法律法规依法厘清经济关系。

未来伴随着存量规划进一步触及更复杂的社会情境，如城市规划领域的邻避效应、突发公共卫生事件、重大城市事件等，可能会有越来越多的社会主体受到牵涉而加入存量规划缔约环节，导致社会主体之间的关系愈加复杂。在只有3个社会主体的条件下，缔约过程需要协调3条社会关系；在存在4个社会主体的条件下，缔约过程需要协调6条社会关系；在存在5个社会主体的条件下，缔约过程需要协调10条社会关系；在存在6个社会主体的条件下，缔约过程需要协调15条社会关系；等等。伴随着社会主体数的增加，社会关系数也不断增加，社会主体之间的关系愈加复杂（见图8－1）。社会主体数与社会关系数满足式（8.1）。

$$\text{社会关系数} = \frac{\text{社会主体数} \times (\text{社会主体数} - 1)}{2} \tag{8.1}$$

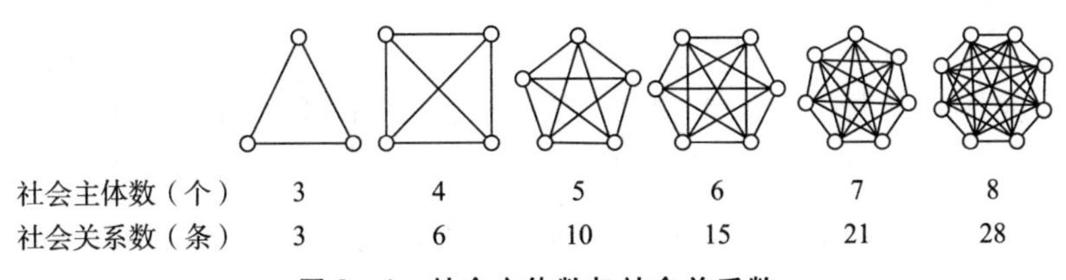

图8－1　社会主体数与社会关系数

8.4　与上位规划或指导的衔接程度

根据本书前文论述，与既有增量规划纵向管理体系存在差异的是，存量规划中的城市更新规划主要是通过横向地嵌入既有增量规划中的法定图则发挥效力的。本书认为现有大多数存量规划案例呈现这样的管理路径主要是因为既有的增量规划已经具备成熟的体系，主要标志即为深圳市以城市总体规划和法定图则为法定规划的增量规划“三层次五阶段”编制体系（见图8－2）。

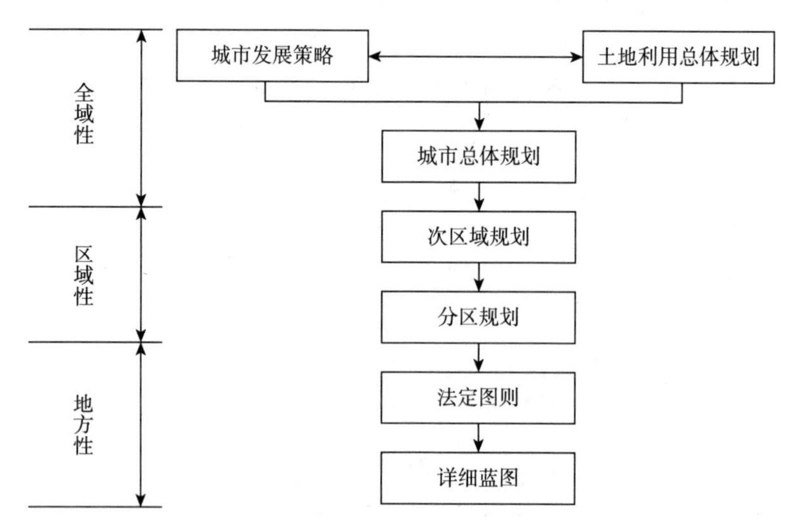

图8－2　深圳市增量规划“三层次五阶段”编制体系

资料来源：根据李百浩和王玮（2007）绘制。

存量规划的发展需要通过实践落地以及衔接既有规划体系来实现。存量规划一方面需要具备可执行的效力，这注定存量规划中的城市更新规划需要立足于较低层次的城市规划方案，比如，在2006年存量规划早期阶段颁布的《深圳市城中村（旧村）改造专项规划编制技术规定（试行）》规定，在编制深度上，特区外大规模城中村改造专项规划编制以法定图则深度为主，特区内小规模城中村改造专项规划以详细蓝图深度为主；另一方面需要能够与现有增量规划体系衔接，也就是完成上述研究讨论的城市更新规划嵌入法定图则的过程。基于上述两个方面，我们认为深圳市现有的存量规划实际上处于在缺乏严密纵向管理体系背景下的适应性治理过渡阶段。

未来，伴随着综合类存量规划、专项规定类存量规划、技术标准类存量规划以及操作指引类存量规划的完善，需要进一步完善存量规划的纵向管理体系，构建与增量规划编制体系治理效力相近的“三层次五阶段”编制体系。比如对应增量规划中城市总体规划层次的市级城市更新五年专项规划，对应增量规划中次区域规划层次的重点片区城市更新五年专项规划，对应增量规划中分区规划层次的区级城市更新五年专项规划，对应增量规划中法定图则层次的城市更新单元规划，对应增量规划中详细蓝图层次的城市更新单元工程规划/城市更新单元城市设计，同时市级城市更新五年专项规划、重点片区城市更新五年专项规划、区级城市更新五年专项规划、城市更新单元规划、城市更新单元工程规划/城市更新单元城市设计内部形成纵向的管理体系（见图8－3）。

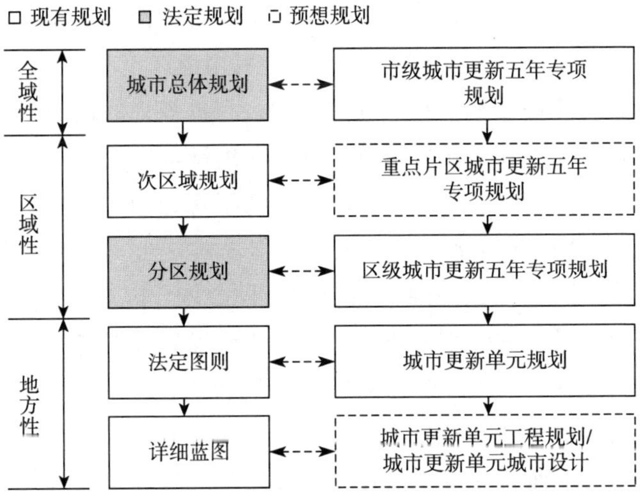

□ 现有规划　■ 法定规划　□ 预想规划
全域性
区域性
地方性
城市总体规划
次区域规划
分区规划
法定图则
详细蓝图
市级城市更新五年专项规划
重点片区城市更新五年专项规划
区级城市更新五年专项规划
城市更新单元规划
城市更新单元工程规划/城市更新单元城市设计

图8－3　增量规划纵向管理体系与存量规划纵向管理体系设想示意

当存量规划具备同增量规划一样完备的纵向管理体系后，未来城市更新规划才能一方面满足嵌入法定图则的基本诉求，另一方面弥合与纵向上位规划存在的张力。如果城市更新规划能够在纵向上位规划的指引下完成，制定与实施城市更新规划的制度成本就比较低。相反，如果城市更新规划未能在纵向上位规划的指引下完成，就需要额外付出与上位规划协调和沟通的成本以及调整规划的编制成本，由此制定与实施城市更新规划的制度成本就会相应提高。

8.5 存量规划制定成本与实施成本的平衡

完整的存量规划包括两个部分，分别是存量规划的制定与存量规划的实施，因此完成存量规划需要付出的成本也包括两个部分，分别是存量规划的制定成本与存量规划的实施成本。从存量规划所需要付出的整体成本来看，存量规划的制定成本与实施成本具有此消彼长的替代性关系。

以前文提到的大冲案例区域存量规划为例，从2002年开始编制至2005编制完成的《南山区大冲村旧村改造详细规划》单方面立足于政府主体利益，在三年的时间内完成了规划方案所有的编制与审批流程，并且获得了深圳市城市规划委员会全票通过。2006年编制完成的《深圳市南山07－03［高新区中区东地区］法定图则》又直接将《南山区大冲村旧村改造详细规划》的图斑直接复制填充。在上述过程中，存量规划的制定成本与传统上自上而下编制的规划方案几乎一致，甚至在编制法定图则过程中采用图斑复制填充的方法提高了规划编制效率，节约了规划制定成本。然而在现实场景中，由于《南山区大冲村旧村改造详细规划》与《深圳市南山07－03［高新区中区东地区］法定图则》未获得村民个体、村集体主体与企业主体的认同和配合，政府主体考虑到强制实施这些规划可能产生的巨大实施成本，最终也未推行，这两份规划成为流于形式的规划。

存量规划需要充分统筹与平衡制定成本和实施成本，如果政府主体承袭增量规划中自上而下的编制流程，在规划制定的过程没有付出足够的统筹村集体主体、企业主体与其他主体的社会成本，就可能再次催生规划方案的不完整性，最终可能带来极高的实施成本或者规划方案的流产。相反，如果政府主体充分考虑存量规划的合约结构，从存量规划方案的社会主体与社会主体关系入手，在制定规划的过程中建立各个社会主体信息交流畅通的沟通平台，统筹协调各个社会主体的利益分配方案，尽管会增加规划的制定成本，但能够在这个环节解决规划方案的不完整性问题，降低规划的实施成本，加快规划方案的落地。同样以大冲案例为例，充分纳入村集体主体与企业主体完成的《深圳市南山区大冲村改造专项规划》在2011年9月28日经深圳市建筑与环境艺术委员会2011年第七次会议审批通过，项目在短短3个月后的12月20日就正式破土动工，2016年便开始预售。

基于存量规划的制定成本与实施成本平衡的考量，政府主体在统筹推进存量规划过程中需要首先明确意识到存量规划的成本组成关系，进而确定存量规划成本投入方案。如果立足于构建完整性的存量规划，那么就需要在存量规划制定过程中兼顾村集体主体、企业主体与其他主体的利益诉求，降低规划方案的不完整性，确保存量规划的有效实施。

第9章

存量规划背景下城市更新的政策建议

9.1 分类型修复规划的不完整性问题

基于存量规划的结构性问题分析，本书认为深圳市存量规划具有多元性属性，也就是通过两条关系轴形成的四种约束象限调节着两组权利，因此本书提出了针对存量规划结构性问题的政策建议，希望通过分类型的方式修复规划的不完整性问题，具体包括："紧-软"约束下的存量规划需要进一步完善公众参与机制、"松-软"约束下的存量规划需要兼顾公共利益底线、"松-硬"约束下的存量规划需要探索引导市场需求的路径、"紧-硬"与"松-软"二元性约束下的存量规划需要保护与规划手段并行（见图9-1）。

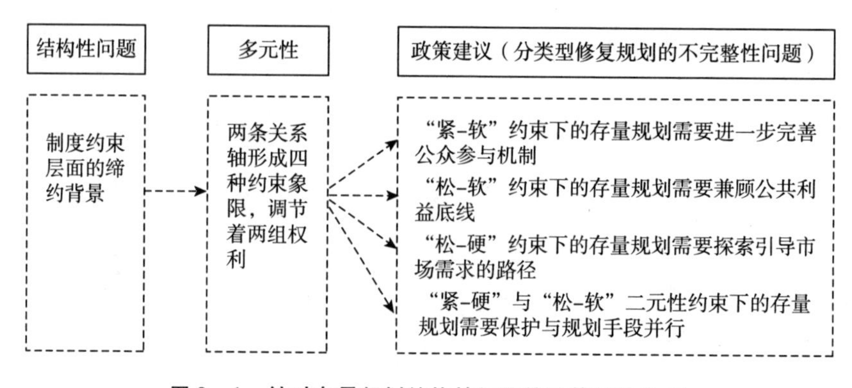

图9-1 针对存量规划结构性问题的政策建议分析

9.1.1　“紧 – 软”约束下的存量规划需要进一步完善公众参与机制

“紧 – 软”约束下的存量规划应该以多方社会主体合作、协商对话、公众参与的方式共同推进存量规划的制定与实施。存量规划是一项广泛涉及社会各个层面和利益群体的综合性事业，城市更新的顺利开展需要各方参与，不论是直接参与还是间接参与，都需要加强沟通与合作。因此，在城市更新改造中，势必要在强调政府引导作用的同时搭建各方合作参与的制度平台。既需要设定一个政府可以统筹的城市更新全局，同时又需要能调动各方积极性和保障各方利益的公平公正运作模式。建立更加开放的城市更新公众参与体系，强化包括企业部门、公共部门、第三方专业机构等在内的多样性利益角色参与过程，通过合作来形成共识，保障城市更新的顺利实施（阳建强、杜雁，2016）。从深圳经验看，存量规划的部门公共参与内容可以参考借鉴 2021 年 3 月 1 日起施行的《深圳经济特区城市更新条例》。

9.1.2　“松 – 软”约束下的存量规划需要兼顾公共利益底线

“松 – 软”约束下的存量规划的任务首先是解决比规划本身更优先层级的社会问题，其次是通过存量规划的手段系统解决规划内部既有的矛盾。处理此类型的存量规划可能会涉及政府主体让利的过程，但是让利过程仍需要树立公共利益底线意识，可以保障性住房为核心诉求。

“松 – 软”约束下的存量规划需要确保保障性住房的配建符合公共利益，将产权归政府所有的保障性住房用地统筹计入土地移交内容。政府主体需要在参与编制与审批存量规划时积极地提出配建类型、配建比例、建设规模等诉求。位于指定区位的存量规划保障性住房配建比例应当按指引动态调整。保障性住房建筑面积达到规划要求后，政府主体应当尽可能地安排集中用地进行建设等。从深圳经验看，2018 年 6 月 14 日公布的《深圳市城市更新单元规划容积率审查规定（征求意见稿）》涉及的奖励容积思路值得参考借鉴。

9.1.3　“松 – 硬”约束下的存量规划需要探索引导市场需求的路径

虽然“松 – 硬”约束下的存量规划在制定与执行过程中基于各个社会

主体利益平衡得到落实，但是政府主体如何站在更高层次引导存量规划实现空间平衡是新的重要课题。既有的存量规划尤其是城市更新项目经验启示我们企业主体的“挑肥拣瘦”行为是存量规划中普遍存在的机会主义行为，如果放任存量规划由市场行为来主导，将使村集体主体和企业主体在资本与利润驱使下枉顾公共利益和城市发展整体目标。

政府主体需要在参与存量规划编制与存量规划实施的基础上，进一步探索对存量规划市场需求的干预和引导机制，包括从城市全域、多元战略、发展诉求等角度整合形成市级存量规划目标与区域存量规划目标，并建立对应层级的计划与行动纲领。从深圳经验看，2016 年 1 月 5 日公布的《深圳市城市更新项目保障性住房配建规定》值得参考借鉴。

9.1.4 “紧－硬”与“松－软”二元性约束下的存量规划需要保护与规划手段并行

“紧－硬”与“松－软”二元性约束下的存量规划往往涉及规划部门与其他部门的联合介入。在快速城市化地区实施存量规划都可能涉及大量权益个体，单纯的文物保护路径往往潜存着治标不治本问题，单纯的规划实施路径亦可能破坏被保护主体现状与格局并可能造成不可逆的伤害。

“紧－硬”与“松－软”二元性约束下的存量规划的典型就是文物保护与城市规划并举，未来文物保护地区编制存量规划需要征求文物保护部门的意见，同时为了确保文物保护规划与存量规划协调一致，需要建立全市文物保护整体规划，各级文物保护单位、不可移动文物点的专项保护规划等与存量规划的对接机制。建立健全文物管理委员会管理制度，充分协调相关部门密切配合。除了核心的文物保护部门和规划部门，可能还会涉及发展改革部门的文物保护项目立项工作、自然资源部门的规划范围内用地控制及违章建筑清理、工商部门的文物经营活动监管等。从深圳经验看，2005 年 8 月 25 日公布的《深圳市人民政府办公厅关于印发深圳市文物保护“五纳入”实施意见的通知》值得参考借鉴。

9.2 构建更加完善的存量规划管理体系

基于存量规划的机制性问题分析，本书认为深圳市存量规划具有可修复性属性，也就是能够建立更完善的从不完整性到完整性修复机制，因此本书提出了针对存量规划机制性问题的政策建议，希望构建更加完善的存量规划管理体系，具体包括：常态化推进存量规划制定与实施、进一步优化“强区放权”管理机制、逐渐确立存量规划在规划体系中的法定地位（见图9－2）。

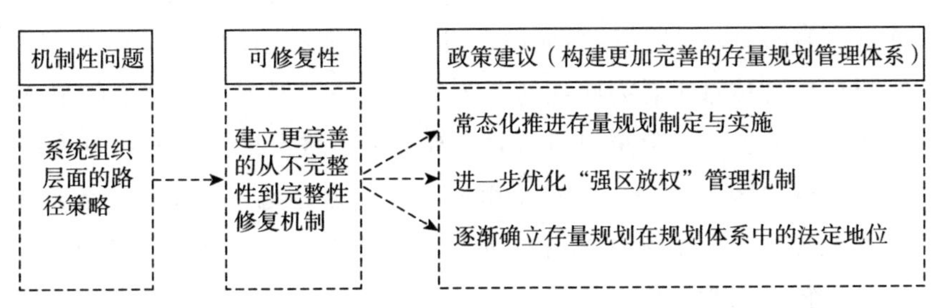

图9－2　针对存量规划机制性问题的政策建议分析

9.2.1　常态化推进存量规划制定与实施

第一，建立职能更完备的存量规划常态化管理机构。2004年，深圳市成立了“查处违法建筑和城中村改造工作领导小组”与“城中村改造工作办公室”，形成了存量规划管理临时领导机构。2009年，深圳市将“查处违法建筑和城中村改造工作领导小组”更名为“查处违法建筑和城市更新工作领导小组”，“城中村改造工作办公室”更名为“城市更新办公室”并设置在深圳市规划和国土资源委员会下，形成了存量规划常态化管理机构。2014年，深圳市将“城市更新办公室”升级为副局级建制的“城市更新局”。2019年，根据《深圳市机构改革方案》，深圳市整合了“城市更新局”与“土地整备局”的行政职能，在深圳市规划和自然资源局下新设立了副局级建制的“城市更新和土地整备局”，进一步整合集中了存量规划的管理部门，形成了更为系统的常态化管理体系。本书认为，未来存量规划常态化管理机构需要进一步根据存量规划的发展诉求进行动态调整，不断适应深圳市由增量规划到存量规划的转型深化过程。

第二，确立体系更完备的存量规划常态化层次。伴随着综合类存量规划、专项规定类存量规划、技术标准类存量规划以及操作指引类存量规划的完善，需要进一步完善存量规划的纵向管理体系，构建与增量规划编制体系治理效力相近的“三层次五阶段”编制体系。根据前文论述，本书初步提出了对应增量规划中城市总体规划层次的市级城市更新五年专项规划、对应增量规划中次区域规划层次的重点片区城市更新五年专项规划、对应增量规划中分区规划层次的区级城市更新五年专项规划、对应增量规划中法定图则层次的城市更新单元规划、对应增量规划中详细蓝图层次的城市更新单元工程规划/城市更新单元城市设计。需要指出的是，一方面，本书提出的纵向管理体系中有一些规划方案是存在的，但有一些仍然存在缺位，有待推进；另一方面，存量规划的类型有多种，城市更新仅为其中的一种，土地整备、棚户区改造、非农建设用地及征地返还地上市交易、农地上市交易等其他类型的存量规划都有待进一步完善纵向管理体系，最终形成体系完备的存量规划常态化层次。

9.2.2 进一步优化“强区放权”管理机制

存量规划制定与实施的难度一般高于增量规划，伴随着存量规划在深圳进入“深水区”，需要进一步在管理环节提升效率、激发活力、缩短审批与流程周期。2015 年，深圳市在城市更新领域开展了“强区放权”试点工作，以老旧城区集中的罗湖区为试点，将市层面城市更新的行政审批、确认、服务等事项下放至罗湖区。2016 年，深圳又发布了《深圳市人民政府关于施行城市更新工作改革的决定》，将试点推广到全市，明确区分了市级城市更新部门与区级城市更新部门的职能。市级城市更新部门不再审批具体项目，主要负责全市城市更新规划、政策、标准、流程等方面的统筹。区级城市更新部门组建更新局或重建局，主导辖区内城市更新工作，城市更新项目计划立项和规划审批都在区层面完成。

“强区放权”尽管能够提高项目的实施速度和实施效率，但是也在实践过程中带来了诸多问题。各区审批流程和标准存在差异、与全市层面政策和技术标准不尽相符等产生了一些新的问题。各区对政策的差异化执行可能会造成项目间的不公平和对违规审批的效仿，还可能破坏城市规划和土地管理的严肃性、统一性。在保持“强区放权”的主线下，如何进一步优化制度设计，加强全市层面总体调节和监督，明确底线要求，同时保留分区管理灵活性，将是深圳城市更新下一阶段探索的重要问题。

9.2.3 逐渐确立存量规划在规划体系中的法定地位

本书所涉及的存量规划仍然是通过嵌入法定图则来确立合法性的，未来如果要进一步推进存量规划的系统发展与实践，就需要将存量规划从现行的特殊政策转变为稳定的规划制度，从立法的角度进一步明确存量规划体系与组成部分。

目前，我国城市规划法律体系仍然是指导增量规划的法律体系。根据《中华人民共和国城乡规划法》，我国城市规划的法定规划包括城市总体规划与控制性详细规划等。城市人民政府组织编制城市总体规划，直辖市的城市总体规划需要报国务院审批；省、自治区人民政府所在地的城市以及国务院确定的城市的总体规划需要报国务院审批；其他城市的总体规划需要报省、自治区人民政府审批。控制性详细规划由城市人民政府城乡规划主管部门组织编制并报本级人民代表大会常务委员会和上一级人民政府备案。

未来，为应对存量规划实践诉求，需要构建指导存量规划的法律体系。本书的初步意见是对应着增量规划的法定规划体系，通过区分层次与主次的原则，建立存量规划的法定规划体系。比如，对应城市总体规划构建存量规划的总体规划，对应控制性详细规划或法定图则构建存量规划的城市更新单元规划或者相关规划，然后再根据存量规划的工作需要构建存量规划的非法定类规划，这里可能涉及存量规划的次区域规划或分区规划等。

9.3 在实践中探索灵活且富有弹性的存量规划路径

基于存量规划的过程性问题分析，本书认为深圳市存量规划具有可协调性属性，能够促成存量规划三大主体之间的社会协调，因此本书提出了针对存量规划过程性问题的政策建议，希望在实践中探索灵活且富有弹性的存量规划路径，具体包括：构建有效的多边沟通协商机制；优化存量规划的技术审核工作；兼顾经济平衡与公共收益，灵活运用弹性指标控制方法（见图9-3）。

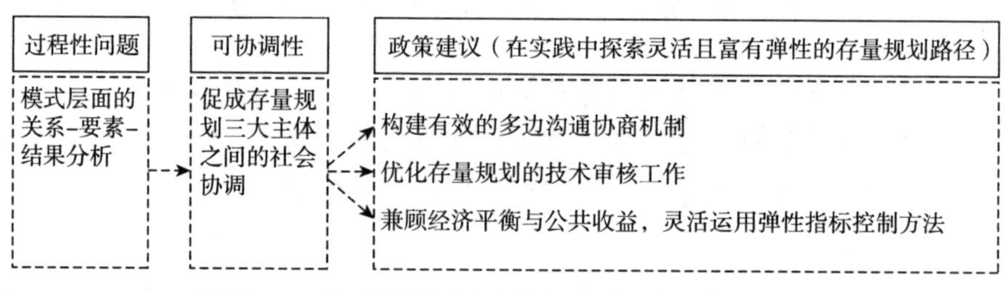

图 9-3　针对存量规划过程性问题的政策建议分析

9.3.1　构建有效的多边沟通协商机制

在增量规划转型存量规划的背景下，本书认为城市规划逐渐由单纯的工程规划拓展为层次更高、范围更广、主体更多元的社会规划。基于前文研究，本书认为增量规划是自上而下通过权威确立的合约，存量规划是自下而上通过建立一致认同边界确立的合约。由于存量规划时代多元主体的利益诉求进一步凸显，如果多元社会主体之间缺乏传递信息的渠道，就很难落实存量规划及实现其目标，此时的存量规划无疑仍将停留在增量规划时代控制性详细规划的保有“留白地”与“天窗区”状态。

深圳在探索存量规划过程中通过划定城市更新单元的方式将土地相关权利人的诉求释放出来。本书案例中的村民主体以及由村民主体形成的村集体主体无时无刻不体现着构建多边沟通协商机制对于推进及落实存量规划的重要作用。因此，本书认为进一步搭建多元社会主体的对话平台、畅通多元社会主体的信息渠道、打造“开门规划”的城市规划形象是推进存量规划的重要工作路径。

9.3.2　优化存量规划的技术审核工作

存量规划在深圳推进的宏观背景是新增建设用地消耗殆尽，因此现实中出现越来越多通过各方社会主体博弈实现规划落地的案例。从合约的角度来看，这种通过博弈完成缔约的方法可以理解为解决历史遗留问题、推进城市规划落地最直接有效的方案。需要指出的是，这种缔约过程仅涉及最主要的利益相关主体，对潜在社会主体以及次要相关主体的影响在一般的存量规划中都无法体现，因此城市规划管理部门仍然有必要对存量规划方案进行专业的评估和论证，研判存量用地开发的“负外部性”。

以城市更新为例，城市更新单元规划的深度对应的是法定图则，最终规划效力的发挥也是以补丁的形式替代空间范围内的法定图则，因此编制城市更新单元规划的过程中需要充分与周边地区法定图则以及中观层面片区更新规划结合进行整体考虑，统筹考虑区域范围内的公共服务承载力、交通承载力以及生态环境承载力等。第一，政府主体要立足于维护城市公共利益与城市长远利益，统筹城市活力增强、生活质量提升、环境宜居以及产业升级等城市发展目标，避免形成由市场力量主导的城市更新单元规划。第二，政府主体要完善对城市更新项目建成以后的调查与评估。目前，完善城市更新项目的精力仅集中于保障规划的可执行性，并未考虑项目可能带来的持续性后果，现实中高容积率案例都或多或少地反映出部分问题，未来针对这些问题的资料收集与研究需要进一步完善。第三，从法定程序上讲，审批法定图则的部门是城市规划委员会法定图则委员会，审批存量规划的部门是城市规划委员会建筑与环境艺术委员会，而且城市更新单元规划具备替代法定图则的效力，因此未来需要进一步明确两个委员会审批相同区域范围规划的时间容差。

9.3.3　兼顾经济平衡与公共收益，灵活运用弹性指标控制方法

存量规划体现着相关社会主体之间的经济收益博弈，这体现为村民主体、村集体主体、企业主体以及政府主体等的讨价还价过程。存量规划的合约结构区别于增量规划的合约结构，村民主体与村集体主体是缔结存量规划合约的核心主体，因此存量规划需要依托企业主体通过经济补偿或将物业返还给村民主体与村集体主体的方式建立稳定的合约结构。

然而，需要指出的是，存量规划的经济平衡是达成存量规划的手段，但是存量规划代表公共利益优化空间结构并维护空间公平与空间正义的规划目标并未改变。存量规划仍然是政府应对市场经济体制无序发展关键的“看得见的手”。因此，未来城市规划仍需秉持公共政策属性，保证城市的公共利益，全面体现国家政策与地方政府的要求，守住底线，克服与避免市场的某些弊端和负能量。既需要维护区域空间格局平衡，避免存量规划的实施导致大规模经济、社会、生态负向效应发生，又要以维护社会公平与社会公正为使命，根据存量规划的重要性和级别进行策略性差异化推进。

在存量规划实施过程中，为了增加各个社会主体之间缔结合约的可能性，应根据实际需要提供更多可以相互替代的弹性指标，进一步探索复合式城市更新、经济补偿与物业返还的替代公式、针对企业主体“肥瘦搭配”的项目平衡机制等。

第 10 章

结论与展望

10.1 研究结论

10.1.1 合约视角下增量规划与存量规划的解读

城市规划学界根据城市规划所面对的时代议题提出了增量规划与存量规划两分法概念。增量规划是土地财政、税收制度改革和地方锦标赛治理体制等背景下的规划方案，一般增量规划关注的内容都是空间的拓展，因此也形成了我们经历且熟知的城市边界扩张和城市新区涌现的过程。增量规划的逻辑是在新增建设用地的“空地”上描绘理想空间图景，实现外延式扩张，伴随着改革开放的进程打造出了大楼林立与城城皆有特殊功能区的现代化形象。在增量规划背景下，地方政府更热衷于制定宏伟的规划，包括大尺度发展战略和远景蓝图，同时也热衷于通过规划手段打造城市新地标。

存量规划是在遇到新增建设用地紧约束、生态红线严控、历史文化街区保护、产业空间供给诉求增加的背景下地方政府希望既有建设用地提质增效而推出的规划方案，区别于增量规划对空间拓展的关注，存量规划开始将目光置于空间重组上，因此制定存量规划都着力于空间品质内涵式提升。在制定规划的过程中，存量规划主要通过盘活、挖潜、优化、提升等方式实现发展权再分配，这种发展权再分配在规划实践过程中具体分为拆除重建、综合整治、功能变更三种类型，这也是存量规划的空间表征。在存量规划背景下，地方政府往往会以“单元”为单位聚焦城市微观尺度下多元社会主体协商、产权明晰、公共服务配套等议题，并通过针灸式规划解决城市既有的住房、交通、环境、历史文化保护等公共议题（见表 10－1）。

表 10－1　增量规划与存量规划的比较

	增量规划	存量规划
宏观背景	土地财政、税收制度改革、地方锦标赛治理体制	新增建设用地紧约束、生态红线严控、历史文化街区保护、产业空间供给诉求增加
关注内容	空间拓展	空间重组
组织逻辑	外延式扩张	内涵式提升
核心内容	新增建设用地	发展权再分配（盘活、挖潜、优化、提升）
空间表征	高密度建成区、新区与产业园等特殊功能区	拆除重建、综合整治、功能变更等
主体思路	制定大尺度发展战略、远景蓝图，打造城市新地标	聚焦多元社会主体协商、产权明晰、公共服务配套等议题，解决住房、交通、历史文化保护等公共议题
规划手段	手术刀式规划	针灸式规划

本书认为现有城市规划学界的研究路径为应然研究路径，进一步认识城市规划的制度属性以及发展城市规划的诉求启示我们可以采用合约的视角拓展城市规划实然研究路径。本书认为增量规划背景下各个社会主体之间的合约关系是清晰的。城市政府代表着全民的共同利益，当城市规划面对国家所有的土地时，城市政府可以通过“征收－补偿”的方式与权益主体达成合约关系。当城市的边界拓展至农村地区面对集体所有制土地时，城市政府在征收代表农民集体利益的土地的过程中，将一部分土地转换为国家所有的土地，将另一部分返还为村集体留用地。需要指出的是，这个环节工作流程是明确的，但是在实际操作过程中可能遗留下产权模糊的用地和被国家所有土地包围的集体所有制留用地。增量规划的合约逻辑是将城市规划视为一项“自上而下”能够顺利实施的法定方案，因此增量规划合约在结构上是以政府为主导完全且完整的合约。这时的规划体现为一种“工程规划”，合约认可的剩余控制权由政府单方掌握，规划的执行是一种权威治理。因此合约视角下的增量规划在空间上表现为着力解决城市拓展

的议题，但是也遗留下了诸多难以解决的问题。

现实中增量规划的问题表现为政府制定的规划与实际占有权益主体之间存在诸多产权模糊空间以及主体模糊空间，也就是政府单一主体确立的“自上而下”规划往往无法获得实际占有主体的认同，也无法使城市规划方案落地。存量规划的合约逻辑开始发生改变，“自上而下”的法定边界与“自下而上”的非法定边界出现认知上的重叠。因此存量规划合约的结构包括由政府、村集体、企业等构成的多元社会主体。这时规划体现为一种“社会规划”，合约认可的剩余控制权由多元主体共同行使，因此规划的执行是一种多边治理，在这里合约视角下的存量规划在空间上表现为着力解决增量规划遗留的各种问题。

10.1.2 合约理论的发展与选择

法学、经济学、政治学与社会学在合约理论的研究中都积累了重要的研究成果。古典合约理论奠定近代资本主义政治和经济秩序：第一，古典法学是合约精神与理念的肇端；第二，新古典经济学确立了合约机制分析路径；第三，古典政治学进一步把合约理论推进至政治实践，缔造了近代资本主义国家的精神并确立了资本主义国家制度理念。现代合约理论进一步深化对当代经济和社会的制度性分析：新制度经济学推进了合约理论的发展，并造就了多位诺贝尔经济学奖得主；合约法学根据更贴近现实的真实场景开创了关系合约理论路径；政治学新社会契约论则以公平与正义的视角重新审视了合约价值。

本书认为法学、经济学和政治学的合约理论对于理解增量规划具有现实意义，比如可以将法学合约理念具体化为管理规范的执行流程，将经济学合约理念具体化为明晰产权与理顺收益关系，将政治学合约理念具体化为建构话语权与调整谈判准入门槛，等等。但是这些理论在存量规划作为一项社会规划并涉及多边治理关系的合约结构中都显现出“捉襟见肘”的解释效力。

经过比较各个学科的合约理论，我们最终选择了社会学的合约理论。社会学理解合约的立足点是“社会人”，合约的主体是抽象的社会主体关系，合约的条件是成员认同，因此完善合约的手段就是要争取获得所有成员的一致认可，缔约的目标是协调社会成员在特定事件与特定问题上的认同关系，实现社会平稳运行与良性发展。应统筹所有社会成员的意见，在确保绝大多数成员一致认可的条件下加强存量规划的社会认可，进而弱化社会风险、平稳推进存量规划制定、确保存量规划方案的落实实施。

10.1.3 存量规划场景下的合约理论的发展

本书认为使用合约视角分析存量规划具备可行性，甚至可以一方面通过存量规划的实践与经验素材来丰富理论框架，另一方面通过制度的路径解读存量规划，提升对其的制度认知，最终实现延伸理论研究和升维经验研究。

第一，存量规划内含着合约的约束属性，甚至能够突破一般制度研究中合约的“显－隐”分析框架，延续短缺经济学派提出的合约“软－硬”约束分析框架，进一步延伸出合约的“松－紧”约束分析框架。需要指出的是，“软－硬”约束分析框架在社会科学领域具有广阔的应用场景，但是“松－紧”约束分析框架是本书对应城市规划中条状管理路径与块状管理路径两条管理路径现实情况进一步提出的新框架。

第二，存量规划的完成需要保证合约的完整性属性。我们认为现实中出现的已经完成的存量规划方案无法落地的局面源于存量规划具有合约的不完整性，也就是与规划方案相关的利益主体并没有达到一致认可状态，甚至各个社会主体仍然处于摩擦和冲突的矛盾状态中。存量规划制定与执行过程就是整合各个社会主体的利益诉求，弥合存量规划预设方案与存量规划落地执行之间的张力与偏差，最终将形成的多元价值目标集合方案“嵌入”既有规划方案的过程。需要指出的是，尽管目前一些有洞见性的研究已经针对城市规划经验提出了合约的“不完整－完整”理论，推动了合约理论从新制度经济学的“不完全－完全”合约理论向城市规划的“不完整－完整”合约理论迈进，但是本书又进一步在“不完整－完整”理论基础上构建了分析经验素材的操作化框架，包括存量规划的不完整性机制维度与存量规划的不完整性修复维度，进一步推动了“不完整－完整”合约理论的发展与应用。

第三，存量规划的落实过程实际可以视为合约的关系、要素与结果发挥作用的过程。存量规划一般涉及政府主体、村集体主体、企业主体等，在存量规划落实的过程中，各个社会主体会在结构与互动中形成一种新的关系并影响存量规划完成的效率，而这些关系模式可以通过案例进行发掘。合约内容是社会主体之间沟通协商后形成的意见方案，其中合约要素是合约内容的核心，立足于合约要素优化能够提升存量规划的执行效率。缔结合约的原因在于合约结果往往能够在促进总收益增加的同时，也提升各个社会主体既有的收益，既能够实现整体目标，又能够实现各个社会主体的目标。需要指出的是，本书针对所有案例都进行了“模式分析”可视化表达，这实际上也是对每一个案例在单纯描述分析基础上的抽象要素与抽象关系的提取和组合，这或许也能够启示城市规划学界探索对经验素材进行分析的可视化实现路径。

本书基于既有合约理论基础与现实案例对存量规划进行合约分析框架建构，从合约制度约束层面的缔约背景、合约系统组织层面的路径策略、合约模式层面的关系－要素－结果分析三个维度出发构建存量规划的合约分析框架。合约制度约束层面的缔约背景对应的是合约“软－硬”与“松－紧”属性的分析。合约系统组织层面的路径策略对应的是制定与实施存量规划时合约从不完整性向完整性修复的过程。合约模式层面的关系－要素－结果分析就是对合约的关系、要素与结果的分析。

10.1.4 基于合约视角对典型案例的讨论

一是“紧－软”约束下的大冲案例分析。我们将2011年编制完成的《深圳市南山区大冲村改造专项规划》及围绕其展开的城市更新活动简称为“大冲案例”。制定《深圳市南山区大冲村改造专项规划》是在深圳市关内建设用地指标成为条状管理硬约束背景下拓展城市发展空间的举措，政府主体为了加快推进深圳市最大的城中村改造项目，在规划编制过程中的诸多管理与利益上都主动做出了让步，主动软化了规划的约束条件。大冲案例原来的不完整性在机制维度中体现为有限理性，在修复维度上体现为经济收益分配。

二是“松－软”约束下的沙河案例分析。我们将2016年编制完成的《南山区沙河街道沙河五村城市更新单元规划》及围绕其展开的城市更新活动简称为“沙河案例”。《南山区沙河街道沙河五村城市更新单元规划》的制定是由于沙河五村村集体与村集体股份公司之间的历史遗留问题引发了一系列社会问题，在这些社会问题危及城市公共安全、城市社会管理形象、城市规划管理形象、城市环境治理形象的背景下，深圳市政府希望凭借城市更新的手段彻底解决沙河片区的综合性问题。因此，政府一方面托管了存在问题的土地甚至主动给予村集体土地，放松了条状管理约束，另一方面在沙河案例中也主动采取了软化块状约束条件的手段。沙河案例原来的不完整性在机制维度上体现为激进化的项目制，在修复维度上体现为公共利益考量。

三是“松－硬”约束下的大沙河案例分析。我们将涉及大沙河创新走廊的《深圳市大沙河创新走廊规划研究》与《大沙河创新走廊规划重点更新片区城市更新专项规划》及与它们相关的城市更新活动统称为“大沙河案例”。大沙河案例城市更新规划的推进是政府立足大沙河创新走廊重点更新片区内部土地的“倒转腾挪”与“肥瘦搭配”实现土地提质增效的手段，放松了条块管理的约束。同时，在块状管理层面完成了存量空间调查、意向统计以及部分片区的控制要点确定。“倒转腾挪”与“肥瘦搭配”体现了条状管理的松约束，准法定图则性质的控制要点又体现了块状管理的硬约束。大沙河案例原来的不完整性在机制维度上体现为有限理性，在修复维度上体现为空间格局平衡。

四是“紧－硬”与“松－软”二元性约束下的南头古城案例分析。我们将发生在南头古城地区兼顾历史文化保护以及城中村改造的存量规划案例简称为“南头古城案例”。具体来说，南头古城以实体文物为核心的点状保护规划体现的是“紧－硬”约束，以单位范围为核心的面状保护规划体现的是“松－软”约束。正因南头古城案例中面状保护下的“松－软”约束有可能会不断侵蚀南头古城案例中点状保护下的“紧－硬”约束，所以政府主体对处理南头古城案例持审慎态度。南头古城案例原来的不完整性在机制维度上体现为实验主义治理策略，在修复维度上体现为政府主体立足城市长远发展的公共利益考量。以上案例的制度约束分析如图 10－1 所示，系统组织分析如图 10－2 所示。

10.1.5 城市规划经验研究对于合约理论构建的贡献

本书认为，构建适合于城市更新经验素材的合约分析框架属于演绎法，对经验素材的案例分析属于归纳法。需要指出的是，运用归纳法分析具体案例有可能进一步丰富理论框架，进而促进合约理论的发展，在本书中最

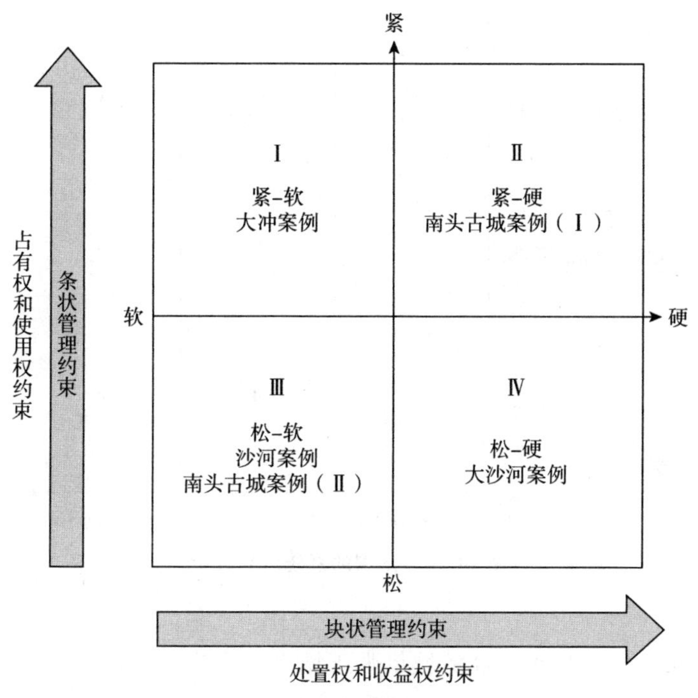

图 10－1 案例的制度约束分析

典型的就是对南头古城案例的二元性约束的分析。

条状管理维度合约的“松－紧”约束属性与块状管理维度合约的“软－硬”约束属性组成了指导经验研究的四种可能性结果，即“紧－软”约束、“紧－硬”约束、“松－软”约束、“松－硬”约束。这四种可能性结果是一种理想模式建构，最初的理想模式预设也是每种结果对应着一个案例。然而，南头古城案例却呈现二元性，一个案例兼具“紧－硬”约束与“松－软”约束，同时经验素材也向我们呈现了“松－软”约束潜存着的侵蚀“紧－硬”约束的可能性。

10.1.6 影响存量规划实施的因素

一是项目的必要程度与时间的紧迫程度。实施存量规划的成本一般高于同等区位条件的增量规划，因此实施存量规划首先需要考虑实施的必要性与紧迫性。就全国城市而言，实施存量规划的紧迫性表现出东部城市强

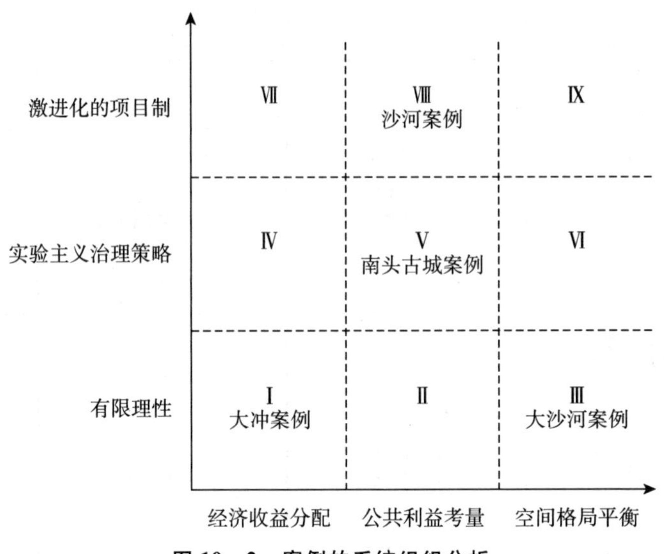

图 10－2　案例的系统组织分析

于西部城市、城市化水平高的城市强于城市化水平低的城市、市区开发程度高的城市强于市区开发程度较低的城市的特征。就深圳市各个辖区而言，关外的六个转型发展区的紧迫性总体上强于关内的四个成熟饱和区。

二是社会主体之间互动的顺畅程度。存量规划涉及政府主体的标准化审批流程，同时也更多地涉及多元主体关于合约内容的协调与博弈。存量规划的实施既需要各个社会主体具有缔结合约的初始意向，又需要一些社会主体甚至全部社会主体在制定与执行存量规划中进行有侧重的投入。一般而言，政府主体的效力在于控制审批环节时长与收益环节的让利，村集体主体的效力在于统合村民的个体诉求并形成统一意见，企业主体的效力在于掌握规划方案执行进度与落实资本分配方案。

三是社会主体多元化的复杂程度。一般的存量规划仅涉及三个社会主体，即政府主体、村集体主体与企业主体。这实际上是为了提高存量规划的编制与执行效率而设定的只考虑最核心社会主体的理想化模式框架。本书意识到，伴随着更加复杂的存量规划情形，比如城市规划领域的邻避效应、突发公共卫生事件、重大城市事件等出现，可能会有越来越多的社会主体受到牵涉而加入存量规划的缔约环节。出现的社会主体数量的增长会带来比社会主体数量增长速度更快的社会关系数量增长，这种现象有待之后的研究持续关注。

四是与上位规划或指导的衔接程度。本书认为，对比着增量规划完整的体系，未来的存量规划也越来越需要强调规划的纵向指引与管理。对应着深圳市增量规划“三层次五阶段”编制体系，本书尝试梳理出对应的存量规划纵向管理体系，即市级城市更新五年专项规划、重点片区城市更新五年专项规划、区级城市更新五年专项规划、城市更新单元规划、城市更新单元工程规划/城市更新单元城市设计。如果城市更新单元规划符合上位规划的指引与管理，制定与实施城市更新单元规划的制度成本就比较低。相反，制定与实施城市更新单元规划的制度成本就会相应提高。

五是存量规划制定成本与实施成本的平衡。存量规划的成本可以分为制定成本与实施成本，同时存量规划的制定成本与实施成本存在此消彼长的替代性关系。存量规划需要充分统筹与平衡制定成本和实施成本，如果忽视存量规划中多元社会主体及其关系协调，仍将会遗留下规划的不完整性问题。本书认为，如果立足于构建完整性的存量规划，那么就需要在规划制定过程中兼顾各个社会主体的利益诉求。

10.1.7　进一步推进城市更新的政策建议

第一，分类型修复规划的不完整性问题。“紧－软”约束下的存量规划需要进一步完善公众参与机制，存量规划是一项广泛涉及社会各个层面和利益群体的综合性事业，城市更新的顺利开展需要各方参与，不论是直接参与还是间接参与，都需要加强沟通与合作。“松－软”约束下的存量规划需要兼顾公共利益底线，其首要的任务是处理公共事件，但是政府主体仍需要树立公共利益底线意识并以保障性住房相关诉求为核心诉求。“松－硬”约束下的存量规划需要探索引导市场需求的路径，虽然存量规划在制定与执行过程中基于各个社会主体利益平衡而得到落实，但是政府主体如何站在更高层次引导存量规划实现空间平衡将是新的重要课题。政府主体需要在参与存量规划编制与存量规划实施的基础上，进一步探索针对存量规划市场需求的干预和引导机制，包括从城市全域、多元战略、发展诉求等角度整合形成市级存量规划目标与区域存量规划目标，并建立对应层级的计划与行动纲领。“紧－硬”与“松－软”二元性约束下的存量规划需要其他职能手段与规划手段并行，并往往涉及规划部门与其他部门的联合介入，未来有必要建立全市文物保护整体规划、各级文物保护单位和不可移动文物点的专项保护规划与存量规划的对接机制。

第二，构建更加完善的存量规划管理体系。首先，常态化推进存量规划制定与实施，建立职能更完备的存量规划常态化管理机构与确立体系更完备的存量规划常态化层次。未来存量规划常态化管理机构需要进一步根据存量规划的发展诉求进行动态调整，不断适应深圳市由增量规划到存量规划的转型深化过程。同时，存量规划现有纵向管理体系中有一些规划方案是存在的，但有一些仍然存在缺位，编制工作有待推进。存量规划的类型有多种，城市更新仅为其中的一种，土地整备、棚户区改造、非农建设用地及征地返还地上市交易、农地上市交易等其他类型的存量规划都有待完善纵向管理体系，最终形成体系完备的存量规划常态化层次。其次，进一步优化“强区放权”管理机制。目前深圳市城市更新在“强区放权”的背景下取得了快速进展，但是这也导致市区管理部门处于分立的状态，因此如何在保持“强区放权”的主线下进一步优化制度设计，加强全市层面的总体调节和监督，在明确底线要求的同时保留分区管理的灵活性，将是深圳城市更新下一阶段探索的重要问题。最后，逐渐确立存量规划在规划体系中的法定地位。未来如果要进一步推进存量规划的系统发展与实践，就需要将存量规划从现行特殊政策转变为稳定的规划制度，从立法的角度进一步明确存量规划的体系与组成部分。

第三，在实践中探索灵活且富有弹性的存量规划路径。首先，构建有效的多边沟通协商机制。在增量规划转型存量规划的背景下，本书认为城市规划逐渐由单纯的工程规划拓展为层次更高、范围更广、主体更多元的社会规划。本书认为未来打造“开门规划”的城市规划形象是推进存量规划的重要工作路径，需要进一步搭建多元社会主体对话平台，畅通多元社会主体信息渠道。其次，优化存量规划技术审核工作。政府主体要立足于维护城市公共利益与城市长远利益整体目标，进一步完善城市更新项目建成以后的调查与评估，并进一步考虑纳入潜在社会性后果评估。协调好城市规划委员会法定图则委员会与城市规划委员会建筑与环境艺术委员会在重叠区域的审批时间容差问题。最后，兼顾经济平衡与公共收益，灵活运用弹性指标控制方法。存量规划体现着相关社会主体之间的经济收益博弈，这表现为村民主体、村集体主体、企业主体以及政府主体等的讨价还价过程。在存量规划实施的过程中，为了增加各个社会主体之间缔结合约的可能性，应当根据实际需要提供更多可以相互替代的弹性指标。

10.2　研究创新点

首先，继合约理论在城市规划研究中解释了控制性详细规划调整与产业用地到期治理之后，进一步将合约理论延伸至存量规划领域，同时本书创新性地通过合约视角分类解读了增量规划与存量规划。增量规划的合约逻辑将其看作一项“自上而下”能够顺利实施的法定方案，其在合约结构上是以政府为主导且考虑周全的合约，体现为一种“工程规划”，合约认可的剩余控制权由政府单方掌握，规划的执行是一种权威治理。存量规划的合约逻辑是“自上而下”的法定边界与“自下而上”的非法定边界出现认知上的重叠，其合约结构包含由政府、村集体、企业等构成的多元社会主体的沟通协调，存量规划合约体现为一种“社会规划”，合约认可的剩余控制权由多元主体共同参与行使，规划的执行是一种多边治理。本书认为我国现在运用的城市规划思想、技术体系和管理方式实际上是增量规划思维下的知识体系，因此运用合约理论研究存量规划具有重要理论创新价值。

其次，本书以合约理论为切入点，拓展了城市规划中的制度研究路径。现有大部分存量规划研究都聚焦于应然性层面的经验借鉴讨论、工具性政策应用与体制机制的政策框架，本书进一步在制度层面加深了对于城市更新规划的认识，挖掘了城市更新规划在制度层面的实然性价值。在具体的理论框架上，第一，本书突破了一般制度研究中合约的“显－隐”分析框架，延续短缺经济学派提出的合约“软－硬”约束分析框架，进一步延伸出合约的“松－紧”约束分析框架。第二，在“不完整－完整”理论基础上构建了分析经验素材的操作化框架，包括存量规划的不完整性机制维度与存量规划的不完整性修复维度，进一步推动了“不完整－完整”合约理论的发展与应用。第三，在案例描述性分析的基础上进一步完成了抽象要素与抽象关系提取和组合，形成了“模式分析”的可视化表达。

最后，本书通过经验素材与理论框架的互动与校验，一方面促进了理论框架的发展，另一方面也为规划实践总结了影响因素与系统性政策建议。

在以经验现象丰富理论框架的层面，本书通过系统归纳南头古城案例经验素材，进一步丰富了合约理论框架的预设维度，发现部分现实案例具有合约双重约束属性。在总结影响因素与提供系统性政策建议层面，本书既根据研究案例分析总结了存量规划实施的影响因素，同时也对应研究的“理论结构－理论机制－事件过程”框架提出了存量规划背景下城市更新的系统性政策建议。

10.3 研究展望

本书基于合约理论完成了对存量规划的解读，并且结合案例的全过程经验素材形成对研究预设理论框架的解释。尽管在选题和理论上具备一些新意，而且也为从制度角度理解存量规划积累了认知，但是仍然存在以下不足，需要未来针对其进一步探索与开拓研究思路。

第一，合约理论运用于存量规划的尺度问题。地理科学研究指出空间现象与数据具有可变面源属性，研究对象的格局与过程、时空分布、相互耦合等都具有尺度依存效应（李双成、蔡运龙，2005）。需要认识到的是，存量规划是一个涉及规划层级类型较丰富的大类概念，既涉及城市规划中的总体规划层次，也涉及城市规划中的分区规划层次，还涉及城市规划中的控制性详细规划层次。本书使用合约理论的目标是回应深圳市城中村、合法外土地与违法建筑等涉及拆除重建的存量规划场景在深圳的规划实践中的大规模存在，而合约理论的解释效力能够覆盖从总体规划层次到分区规划层次再到控制性详细规划层次的存量规划。然而，囿于规划实践的进展以及素材的可获取性，本书只能从已经完成或者进展较为顺利的典型案例入手，在具体的研究内容上运用合约理论分析了控制性详细规划层次的存量规划以及分区规划层次的存量规划，其中控制性详细规划层次的存量规划包括大冲案例、沙河案例与南头古城案例，分区规划层次的存量规划包括大沙河案例。未来，运用合约理论分析总体规划层次的存量规划的研究有待开展。

第二，合约理论的框架有待进一步完善。合约理论在法学、经济学、政治学与社会学界具有悠久的研究历史与丰硕的研究成果，它们都曾对人类历史、经济市场、政治实践与社会发展做出了重要的历史贡献，甚至在当代经济学领域合约理论也造就了诸如科斯、威廉姆森、哈特、霍姆斯特罗姆等多位诺贝尔经济学奖得主。本书立足于合约理论的可延续性以及城市规划在中国广泛的实践，延续着既有学者研究城市规划的合约路径，进一步完善了存量规划的合约分析框架。需要指出的是，我们目前的研究只是对合约理论与存量规划最具有亲和性的内容进行了解析，在这里合约分析框架作为制度性的解释在城市规划领域仍然具有广阔的应用前景，有待后续发掘。存量规划中城市更新是主流，但是存量规划也包括土地整备、棚户区改造、非农建设用地及征地返还地上市交易、农地上市交易等其他类型。本书基于案例典型性只选择了规划实践中应用较广的城市更新规划，其他类型存量规划仍然具备进一步探索研究的空间。需要指出的是，对于土地整备、棚户区改造、非农建设用地及征地返还地上市交易、农地上市交易的案例解读可能涉及进一步完善与修正合约分析框架的过程。

第三，城市更新规划中改变类型与综合整治类型案例有待探索。存量规划中的城市更新规划具体有三种类型，分别是拆除重建、功能改变与综合整治，本书为了凸显缔结存量规划合约的过程，侧重于拆除重建的类型，具体的原因如下。第一，拆除重建项目一般涉及的单元范围较大，社会主体结构较完善，社会主体之间的反复博弈过程也方便记述与解读。第二，功能改变是在产权明晰的土地上进行的，涉及的社会主体相对简单，同时各个社会主体既有的社会认同也基本对应。因此功能改变类型的城市更新规划一般具有较短的缔约周期、简单的社会主体结构、较低的社会成本，整体缺乏典型性。第三，综合整治是指政府主体考虑到城市发展需要具备弹性特征而保留一定比例的城中村，并通过划定综合整治区范围的手段来统筹城中村更新工作进度。划定为综合整治区的地区不得拆除重建，只能通过微改造的方式优化空间、增加公共空间与配套设施、提升环境品质，目的是保留历史文化传统、维护城市肌理、保障低成本空间。未来，在功能改变类型与综合整治类型案例进一步丰富的条件下可以进一步开展其他类型城市更新规划的合约研究。

第四，潜在合约社会主体影响效用有待确立分析路径。尽管本书基于经验案例分析了存量规划中常规的涉及政府主体、村集体主体与企业主体的“三维社会主体”合约案例，提出了其他主体存在的可能性以及现实中出现的片段化场景，同时也预判了“三维社会主体”只是当前经验与理想模式，随着越来越多社会主体进入催生“多维社会主体”结构，其内部的社会关系将愈加复杂；但是，本书受限于研究议题的相关性与案例获取的局限性，无法对潜在社会主体影响效用的分析路径再进行探索并展开讨论。然而本书认为存量规划中目前尚缺乏组织的租户、存量规划单元范围外的居民以及城市公共议题讨论意识觉醒的城市居民等都在不断地积累对过去、现在和未来存量规划的意见，潜在社会主体的声音未来可能在一定程度上影响存量规划的决策与方向。未来，在合约理论框架下讨论潜在社会主体对存量规划的影响无疑具备前瞻性。

参考文献

阿蒂亚，1982，《合同法概论》，程正康、周忠海、刘振民译，法律出版社。

阿尔钦，阿曼·A.，2014，《产权：一个经典注释》，载罗纳德·H. 科斯等《财产权利与制度变迁——产权学派与新制度学派译文集》，刘守英等译，格致出版社、上海三联书店、上海人民出版社。

阿罗，肯尼思·约瑟夫，2000，《社会选择：个性与多准则》，钱晓敏、孟岳良译，首都经济贸易大学出版社。

布坎南，詹姆斯·M.、戈登·塔洛克，2000，《同意的计算：立宪民主的逻辑基础》，陈光金译，中国社会科学出版社。

柴彦威，1998，《时间地理学的起源、主要概念及其应用》，《地理科学》第1期。

晁恒、李贵才，2020，《国家级新区的治理尺度建构及其经济效应评价》，《地理研究》第3期。

陈浩、张京祥、陈宏胜，2015，《新型城镇化视角下中国"土地红利"开发模式转型》，《经济地理》第4期。

陈磊，2013，《基于不完全契约的表外融资研究》，中国时代经济出版社。

陈敏，2008，《城市更新中的历史街区动态保护研究》，硕士学位论文，郑州大学。

陈鹏，2005，《自由主义与转型社会之规划公正》，《城市规划》第8期。

陈平，2015，《资本主义战胜社会主义了吗？——科尔奈自由主义的逆转和东欧转型神话的破灭》，《政治经济学评论》第6期。

陈涛，2014，《法则与任意：从社会契约论到实证主义社会学》，《政治与法律评论》第 1 期。
陈雨，2015，《协调多产权主体利益的改造更新规划实践：以上海市虹桥商务区东片区开发规划为例》，《城市规划学刊》第 4 期。
程大林、张京祥，2004，《城市更新：超越物质规划的行动与思考》，《城市规划》第 2 期。
崔建远，2010，《合同法》（第五版），法律出版社。
崔洁，2009，《南头古城的保护与复兴》，《南方日报》5 月 14 日。
戴小平、赖伟胜、仝兆远、潘立阳、程家昌，2019，《深圳市存量更新规划实施探索：整村统筹土地整备模式与实务》，中国建筑工业出版社。
单霁翔，2007，《城市文化遗产保护与文化城市建设》，《城市规划》第 5 期。
董玛力、陈田、王丽艳，2009，《西方城市更新发展历程和政策演变》，《人文地理》第 5 期。
杜景林、卢谌，2004，《德国新债法研究》，中国政法大学出版社。
段进，2014，《公共基础设施的邻避问题》，《城市规划》第 3 期。
樊纲，1986，《论“边际革命”的社会历史原因》，《中国社会科学院研究生院学报》第 3 期。
樊杰，2019，《地域功能－结构的空间组织途径——对国土空间规划实施主体功能区战略的讨论》，《地理研究》第 10 期。
范里安，哈尔·R.，2011，《微观经济学：现代观点》（第八版），费方域等译，格致出版社、上海三联书店、上海人民出版社。
方创琳，2017，《城市多规合一的科学认知与技术路径探析》，《中国土地科学》第 1 期。
方建国，2012，《不完全竞争、契约与伦理学》，经济科学出版社。
费安玲，1999，《论合同法中的附随义务》，《当代司法》第 9 期。
费孝通，1943，《禄村农田》，商务印书馆。
费孝通，1995，《农村、小城镇、区域发展——我的社区研究历程的再回顾》，《北京大学学报》（哲学社会科学版）第 2 期。
费孝通，1996，《学术自述与反思：费孝通学术文集》，生活·读书·新知三联书店。
弗鲁博顿，埃里克、鲁道夫·芮切特，2006，《新制度经济学一个交易费用的分析范式》，姜建强、罗长远译，上海三联书店、上海人民出版社。
高吉喜、邹长新、杨兆平、马建军，2012，《划定生态红线保障生态安全》，《中国环境报》10月18日。
郜昂、邹兵、刘成明，2017，《由“单一”转向“复合”的深圳旧工业区更新模式探索》，《规划师》第5期。
龚振武，2001，《深圳经济特区农城化公司产权与治理结构研究》，硕士学位论文，浙江大学。
广东省人民政府办公厅，2009，《广东省征收农村集体土地留用地管理办法（试行）》。
郭旭、田莉，2018，《“自上而下”还是“多元合作”：存量建设用地改造的空间治理模式比较》，《城市规划学刊》第1期。
郭旭、赵琪龙、李广斌，2015，《农村土地产权制度变迁与乡村空间转型：以苏南为例》，《城市规划》第8期。
国家统计局，2010，《中国统计年鉴2010》，中国统计出版社。
国家统计局，2019，《中国统计年鉴2019》，中国统计出版社。
国家统计局城市社会经济调查司，2018，《中国城市统计年鉴2018》，中国统计出版社。
国土资源部信息中心调研组，2016，《建设用地供应减量，对土地出让收入影响几何?》，《中国国土资源报》9月7日。
国务院，2011，《关于加强环境保护重点工作的意见》（国发〔2011〕35号）。
韩博天，2009，《中国异乎常规的政策制定过程：不确定情况下反复试验》，石磊译，《开放时代》第7期。
韩世远，2011，《合同法总论》（第三版），法律出版社。
韩万渠、宋纪祥，2019，《政策预期、资源动员与朝令夕改政策过程的生成》，《甘肃行政学院学报》第1期。
韩晓捷，2012，《西方近代社会契约理论研究》，博士学位论文，南开大学。
何玉梅，2012，《不完全契约下的企业纵向关系与产业全球化》，江苏人民出版社。
贺辉文、张京祥、陈浩、逯百慧，2016，《双重约束和互动演进下城市更新治理升级：基于深圳旧村改造实践的观察》，《现代城市研究》第11期。

侯国跃，2007，《契约附随义务研究》，法律出版社。
侯丽，2013，《城市更新语境下的城市公共空间与规划》，《上海城市规划》第6期。
胡映洁、吕斌，2016，《城市规划利益还原的理论研究》，《国际城市规划》第3期。
黄军林，2019，《产权激励：面向城市空间资源再配置的空间治理创新》，《城市规划》第12期。
黄明华、王阳、步茵，2009，《由控规全覆盖引起的思考》，《城市规划学刊》第6期。
黄卫东，2017，《城市规划实践中的规则建构：以深圳为例》，《城市规划》第4期。
黄卫东、张玉娴，2010，《市场主导下快速发展演进地区的规划应对：以深圳华强北片区为例》，《城市规划》第8期。
黄宗智、龚为纲、高原，2014，《“项目制”的运作机制和效果是“合理化”吗?》，《开放时代》第5期。
霍布斯，1985，《利维坦》，黎思复、黎廷弼译，商务印书馆。
吉尔莫，格兰特，2005，《契约的死亡》，曹士兵、姚建宗、吴巍译，中国法制出版社。
江飞涛、曹建海，2009，《市场失灵还是体制扭曲：重复建设形成机理研究中的争论、缺陷与新进展》，《中国工业经济》第1期。
江泓，2015，《交易成本、产权配置与城市空间形态演变：基于新制度经济学视角的分析》，《城市规划学刊》第6期。
科尔内，亚诺什，1986，《短缺经济学》，张晓光、李振宁、黄卫平、潘佐红、靳平、戴国庆译，经济科学出版社。
科斯，罗纳德·哈里，1994，《论生产的制度结构》，盛洪、陈郁等译，上海三联书店。
科斯、诺思、威廉姆森等，2003，《制度、契约与组织：从新制度经济学角度的透视》，刘刚、冯健、杨其静、胡琴等译，经济科学出版社。
莱斯诺夫，迈克尔，2006，《社会契约论》，刘训练、李丽红、张红梅译，江苏人民出版社。
赖婷婷，2011，《论无过失补偿制度》，硕士学位论文，吉林大学。

李百浩、王玮，2007，《深圳城市规划发展及其范型的历史研究》，《城市规划》第2期。

李斌、彭勇、刘诗平，2016，《一个超大城市的困扰和突围——“高位过坎”看深圳》，新华网，5月10日，http://www.xinhuanet.com/politics/2016-05/10/c_1118837089.htm。

李德华，2001，《城市规划原理》，中国建筑工业出版社。

李江，2020，《转型期深圳城市更新规划探索与实践》（第二版），东南大学出版社。

李京生、马鹏，2006，《城市规划中的社会课题》，《城市规划学刊》第2期。

李明倩，2012，《〈威斯特伐利亚和约〉研究——以近代国际法的形成为中心》，博士学位论文，华东政法大学。

李培林，2002，《巨变：村落的终结——都市里的村庄研究》，《中国社会科学》第1期。

李其荣，2000，《对立与统一：城市发展历史逻辑新论》，东南大学出版社。

李仁玉、刘凯湘、王辉，1993，《契约观念与秩序创新——市场运行的法律、文化思考》，北京大学出版社。

李双成、蔡运龙，2005，《地理尺度转换若干问题的初步探讨》，《地理研究》第1期。

林坚、陈诗弘、许超诣、王纯，2015，《空间规划的博弈分析》，《城市规划学刊》第1期。

林坚、刘乌兰，2014，《论划定城市开发边界》，《北京规划建设》第6期。

林坚、乔治洋，2017，《博弈论视角下市县级“多规合一”研究》，《中国土地科学》第5期。

林坚、乔治洋、叶子君，2017，《城市开发边界的“划”与“用”——我国14个大城市开发边界划定试点进展分析与思考》，《城市规划学刊》第2期。

林坚、叶子君、杨红，2019，《存量规划时代城镇低效用地再开发的思考》，《中国土地科学》第9期。

林培，2017，《以点带面促转型：住房城乡建设部全面部署开展“城市双修”工作》，《中国建设报》4月24日。

林强，2017，《城市更新的制度安排与政策反思：以深圳为例》，《城市规划》第 11 期。

刘成明，2020，《合约视角下产业用地到期治理研究：以深圳市为例》，博士学位论文，北京大学。

刘承韪，2011，《论关系契约理论的困境》，《私法》第 2 期。

刘芳、张宇、姜仁荣，2015，《深圳市存量土地二次开发模式路径比较与选择》，《规划师》第 7 期。

刘贵文、易志勇、刘冬梅、吴文东，2017，《我国内地与香港、台湾地区城市更新机制比较研究》，《建筑经济》第 4 期。

刘荷蕾、陈小祥、岳隽、刘力兵、徐雅莉，2020，《深圳城市更新与土地整备的联动：案例实践与政策反思》，《规划师》第 9 期。

刘佳燕，2009，《城市规划中的社会规划：理论、方法与应用》，东南大学出版社。

刘铭秋，2017，《城市更新中的空间冲突及其化解》，《城市发展研究》第 10 期。

刘仁军，2005，《交易成本、社会资本与企业网络》，博士学位论文，华中科技大学。

刘世定，2003，《占有、认知与人际关系——对中国乡村制度变迁的经济社会学分析》，华夏出版社。

刘世定，2005，《低层政府干预下的软风险约束与"农村合作基金会"》，《社会学研究》第 5 期。

刘世定，2011，《经济社会学》，北京大学出版社。

刘世定、李贵才，2019，《城市规划中的合约分析方法》，《北京工业大学学报》（社会科学版）第 2 期。

卢晖临、李雪，2007，《如何走出个案：从个案研究到扩展个案研究》，《中国社会科学》第 1 期。

卢梭，1997，《社会契约论》，何兆武译，商务印书馆。

陆大道，2007，《我国的城镇化进程与空间扩张》，《城市规划学刊》第 4 期。

陆铭，2016，《大国大城：当代中国的统一、发展与平衡》，上海人民出版社。

吕晓蓓，2011，《城市更新规划在规划体系中的定位及其影响》，《现代城市研究》第 1 期。

吕晓蓓、赵若焱，2009，《对深圳市城市更新制度建设的几点思考》，《城市规划》第4期。
罗尔斯，约翰，1988，《正义论》，何怀宏、何包钢、廖申白译，中国社会科学出版社。
罗罡辉、游朋、李贵才、罗平，2013，《深圳市“合法外”土地管理政策变迁研究》，《城市发展研究》第11期。
罗小龙、张京祥，2001，《管治理念与中国城市规划的公众参与》，《城市规划汇刊》第2期。
马力、李胜楠，2004，《不完全合约理论述评》，《哈尔滨工业大学学报》（社会科学版）第6期。
芒福德，刘易斯，1989，《城市发展史：起源、演变和前景》，倪文彦、宋俊岭译，中国建筑工业出版社。
梅因，1984，《古代法》，沈景一译，商务印书馆。
南头古城博物馆，2007，《深圳南头古城历史与文物》，湖北人民出版社。
内田贵，2005，《契约的再生》，胡宝海译，中国法制出版社。
聂辉华，2011，《不完全契约理论的转变》，《教学与研究》第1期。
聂辉华，2017，《契约理论的起源、发展和分歧》，《经济社会体制比较》第1期。
聂家荣、李贵才、刘青，2015，《基于认知权利理论的土地权益分配模式变迁研究：以深圳市原农村集体土地为例》，《现代城市研究》第4期。
聂庆华、包浩生，1999，《中国基本农田保护的回顾与展望》，《中国人口·资源与环境》第2期。
潘云华，2003，《“社会契约论”的历史演变》，《南京师大学报》（社会科学版）第1期。
彭建东，2014，《基于现代治理理念的城市更新规划策略探析：以襄阳古城周边地区更新规划为例》，《城市规划学刊》第6期。
秦波、苗芬芬，2015，《城市更新中公众参与的演进发展：基于深圳盐田案例的回顾》，《城市发展研究》第3期。
邱爽、左进、黄晶涛，2014，《合约视角下的产业遗存再利用规划模式研究：以天津棉纺三厂为例》，《城市发展研究》第3期。
渠敬东，2012，《项目制：一种新的国家治理体制》，《中国社会科学》第5期。

全国人大常委会，2019，《中华人民共和国土地管理法》。
深圳市城市更新局，2019，《深圳城市更新的探索与实践》，《中国自然资源报》2月21日。
深圳市城市规划委员会，2006，《深圳市城中村（旧村）改造专项规划编制技术规定（试行）》。
深圳市人民政府，2009，《深圳市城市更新办法》。
深圳市人民政府，2012，《深圳市土地利用总体规划（2006—2020年）》。
沈迟、许景权，2015，《"多规合一"的目标体系与接口设计研究——从"三标脱节"到"三标衔接"的创新探索》，《规划师》第2期。
施卫良，2014，《规划编制要实现从增量到存量与减量规划的转型》，《城市规划》第11期。
司马晓、岳隽、杜燕、黄卫东，2019，《深圳城市更新探索与实践》，中国建筑工业出版社。
司马晓、赵广英、李晨，2020，《深圳社区规划治理体系的改善途径研究》，《城市规划》第7期。
司马晓、周敏、陈荣，1998，《深圳五层次规划体系：一种严谨的规划结构的探索》，《城市规划》第3期。
苏力，1996，《从契约理论到社会契约理论：一种国家学说的知识考古学》，《中国社会科学》第3期。
孙立平、郭于华，2000，《"软硬兼施"：正式权力非正式运作的过程分析》，《清华社会学评论》特辑。
孙良国，2008，《关系契约理论导论》，科学出版社。
孙元欣、于茂荐，2010，《关系契约理论研究述评》，《学术交流》第8期。
唐斯，安东尼，2005，《民主的经济理论》，姚洋、邢予青、赖平耀译，上海人民出版社。
梯利，1979，《西方哲学史》（下），葛力译，商务印书馆。
田莉，2007，《我国控制性详细规划的困惑与出路：一个新制度经济学的产权分析视角》，《城市规划》第1期。
田莉，2013，《处于十字路口的中国土地城镇化：土地有偿使用制度建立以来的历程回顾及转型展望》，《城市规划》第5期。
田宗星、李贵才，2018，《基于TOD的城市更新策略探析：以深圳龙华新区为例》,《国际城市规划》第5期。
汪丁丁,1996,《企业家的形成与财产制度:评张维迎〈企业的企业家—契约理论〉》,《经济研究》第1期。
王富海,2000,《从规划体系到规划制度:深圳城市规划历程剖析》,《城市规划》第1期。
王富海、李贵才,2000,《对深圳城市规划特点和未来走向的认识:写在深圳特区成立20周年之际》,《城市规划》第8期。
王富伟,2012,《个案研究的意义和限度:基于知识的增长》,《社会学研究》第5期。
王国顺等,2006,《企业理论:契约理论》,中国经济出版社。
王嘉、郭立德,2010,《总量约束条件下城市更新项目空间增量分配方法探析:以深圳市华强北地区城市更新实践为例》,《城市规划学刊》第S1期。
王建国、李晓江、王富海、朱子瑜、张勤、韩冬青,2018,《城市设计与城市双修》,《建筑学报》第4期。
王杰、郭克锋,2005,《现代契约经济学基本方法论及其演化新趋势》,《江苏社会科学》第4期。
王景慧,2004,《城市历史文化遗产保护的政策与规划》,《城市规划》第10期。
王凯、林辰辉、吴乘月,2020,《中国城镇化率60%后的趋势与规划选择》,《城市规划》第12期。
王琪,2015,《系统性规划引导的城市更新:以武汉市城市更新规划为例》,《规划师》第10期。
王水雄,2003,《结构博弈》,华夏出版社。
王振波,2017,《"短命"政策产生:终结的内在逻辑研究》,《东北大学学报》(社会科学版)第2期。
威廉姆森,奥利弗·E.,2002,《资本主义经济制度:论企业签约与市场签约》,段毅才、王伟译,商务印书馆。
沃因,拉斯、汉斯·韦坎德,1999,《契约经济学》,李风圣译,经济科学出版社。
吴缚龙,2006,《中国的城市化与"新"城市主义》,《城市规划》第8期。

吴凯晴，2017，《“过渡态”下的“自上而下”城市修补：以广州恩宁路永庆坊为例》，《城市规划学刊》第4期。

吴磊、刘一鸣、李贵才、张可云，2020，《城市规模：基于经济学与地理学的交互研究》，《城市发展研究》第5期。

吴良镛，1989，《北京旧城居住区的整治途径：城市细胞的有机更新与“新四合院”的探索》，《建筑学报》第7期。

吴良镛，1991，《从“有机更新”走向新的“有机秩序”：北京旧城居住区整治途径（二）》，《建筑学报》第2期。

吴良镛、吴唯佳、武廷海，2003，《论世界与中国城市化的大趋势和江苏省城市化道路》，《科技导报》第9期。

吴志强，2011，《城市更新规划与城市规划更新》，《城市规划》第2期。

伍灵晶、仝德、李贵才，2017，《地方政府驱动下的城市建成空间特征差异：以广州、东莞为例》，《地理研究》第6期。

谢林，托马斯·C.，2005，《微观动机与宏观行为》，谢静、邓子梁、李天有译，人民大学出版社。

徐远、薛兆丰、王敏、李力行等，2016，《深圳新土改》，中信出版社。

薛峰、周劲，1999，《城市规划体制改革探讨：深圳市法定图则规划体制的建立》，《城市规划汇刊》第5期。

严若谷、周素红、闫小培，2011，《城市更新之研究》，《地理科学进展》第8期。

晏智杰，2004，《边际革命和新古典经济学》，北京大学出版社。

阳建强，2012，《西欧城市更新》，东南大学出版社。

阳建强，2018，《走向持续的城市更新：基于价值取向与复杂系统的理性思考》，《城市规划》第6期。

阳建强、杜雁，2016，《城市更新要同时体现市场规律和公共政策属性》，《城市规划》第1期。

阳建强、吴明伟，1999，《现代城市更新》，东南大学出版社。

杨宏力，2014，《本杰明·克莱因不完全契约理论研究》，经济科学出版社。

杨建科、王宏波、屈旻，2009，《从工程社会学的视角看工程决策的双重逻辑》，《自然辩证法研究》第1期。

杨瑞龙、聂辉华，2006，《不完全契约理论：一个综述》，《经济研究》第

2 期。
杨晓春、毛其智、高文秀、宋成，2019，《第三方专业力量助力城市更新公众参与的思考——以湖贝更新为例》，《城市规划》第 6 期。
姚大志，2003，《契约论与政治合法性》，《复旦学报》（社会科学版）第 4 期。
叶启政，2016，《社会学家作为说故事者》，《社会》第 2 期。
易宪容，1998，《交易行为与合约选择》，经济科学出版社。
于光远，1991，《政治经济学社会主义部分探索》（五），人民出版社。
袁方，1997，《社会研究方法教程》，北京大学出版社。
袁文华、李建春、秦晓楠，2020，《基于片区治理的城市老化风险评估及空间分异机制》，《经济地理》第 7 期。
张建波、马万里，2018，《地方政府行为变异：一个制度软约束的分析框架》，《理论学刊》第 6 期。
张践祚、李贵才，2016，《基于合约视角的控制性详细规划调整分析框架》，《城市规划》第 6 期。
张践祚、刘世定、李贵才，2016，《行政区划调整中上下级间的协商博弈及策略特征：以 SS 镇为例》，《社会学研究》第 3 期。
张京祥、陈浩，2012，《基于空间再生产视角的西方城市空间更新解析》，《人文地理》第 2 期。
张京祥、陈浩，2014，《空间治理：中国城乡规划转型的政治经济学》，《城市规划》第 11 期。
张京祥、范朝礼、沈建法，2002，《试论行政区划调整与推进城市化》，《城市规划汇刊》第 5 期。
张京祥、易千枫、项志远，2011，《对经营型城市更新的反思》，《现代城市研究》第 1 期。
张京祥、赵丹、陈浩，2013，《增长主义的终结与中国城市规划的转型》，《城市规划》第 1 期。
张静，2003，《土地使用规则的不确定：一个解释框架》，《中国社会科学》第 1 期。
张庭伟，1997，《中国规划走向世界：从物质建设规划到社会发展规划》，《城市规划汇刊》第 1 期。

张维迎，1996，《博弈论与信息经济学》，上海三联书店、上海人民出版社。
张维迎，2013，《博弈与社会》，北京大学出版社。
张五常，2003，《企业的契约性质》，载盛洪主编《现代制度经济学》（上），北京大学出版社。
张五常，2010，《经济解释》（卷二），中信出版社。
张晓芾、孙晓敏、刘珺，2017，《面向开发实施的协商式规划探索：以上海九星市场更新改造为例》，《城市规划学刊》第S2期。
张艳，2014，《关系契约理论对意思自治的价值超越》，《现代法学》第2期。
张艳，2020，《关系契约理论基本问题研究》，博士学位论文，南京大学。
张泽宇、李贵才、龚岳、罗罡辉，2019，《深圳城中村改造中土地增值收益的社会认知及其演变》，《城市问题》第12期。
张子毅，1943，《易村手工业》，商务印书馆。
章文光、宋斌斌，2018，《从国家创新型城市试点看中国实验主义治理》，《中国行政管理》第12期。
赵冠宁、司马晓、黄卫东、岳隽，2019，《面向存量的城市规划体系改良：深圳的经验》，《城市规划学刊》第4期。
赵龙，2019，《国土空间规划体系顶层设计和“四梁八柱”基本形成》，国务院新闻办公室网站，5月27日，http://www.scio.gov.cn/xwfbh/xwbfbh/wqfbh/39595/40528/zy40532/Document/1655479/1655479.htm。
赵楠琦、仝德、李贵才，2014，《政府收益驱动下城市土地开发结构性差异的理论分析》，《城市发展研究》第12期。
赵若焱，2013，《对深圳城市更新“协商机制”的思考》，《城市发展研究》第8期。
赵万民、魏晓芳，2010，《生命周期理论在城乡规划领域中的应用探讨》，《城市规划学刊》第4期。
赵小芹，2008，《行政法诚实信用原则研究》，博士学位论文，吉林大学。
赵燕菁，2005，《制度经济学视角下的城市规划》（上），《城市规划》第6期。
赵燕菁，2009，《城市的制度原型》，《城市规划》第10期。
赵燕菁，2017，《城市化2.0与规划转型：一个两阶段模型的解释》，《城市规划》第 3 期。

折晓叶、陈婴婴，2005，《产权怎样界定——一份集体产权私化的社会文本》，《社会学研究》第 4 期。

郑尚元，2004，《侵权行为法到社会保障法的结构调整：以受雇人人身伤害之权利救济的视角》，《现代法学》第 3 期。

郑也夫，2000，《新古典经济学“理性”概念之批判》，《社会学研究》第 4 期。

中共南山区委党校课题组，2004，《关于农城化股份合作公司发展问题的调查报告——对南山区农城化股份合作公司进行二次改制的探讨》，《特区经济》第 3 期。

中国科学院经济研究所世界经济研究室，1962，《主要资本主义国家经济统计集（1848—1960）》，世界知识出版社。

中华人民共和国住房和城乡建设部，2019，《中国城市建设统计年鉴 2018》，中国统计出版社。

周飞舟，2010，《大兴土木：土地财政与地方政府行为》，《经济社会体制比较》第 3 期。

周飞舟，2012，《以利为利——财政关系与地方政府行为》，上海三联书店。

周飞舟、吴柳财、左雯敏、李松涛，2018，《从工业城镇化、土地城镇化到人口城镇化：中国特色城镇化道路的社会学考察》，《社会发展研究》第 1 期。

周国艳，2009，《西方新制度经济学理论在城市规划中的运用和启示》，《城市规划》第 8 期。

周劲，2016，《尺度·密度·速度：“十三五”时期超大城市面临的难题与挑战》，《规划师》第 3 期。

周黎安，2004，《晋升博弈中政府官员的激励与合作：兼论我国地方保护主义和重复建设问题长期存在的原因》，《经济研究》第 6 期。

周丽亚、邹兵，2004，《探讨多层次控制城市密度的技术方法：〈深圳经济特区密度分区研究〉的主要思路》，《城市规划》第 12 期。

周其仁，2017，《城乡中国》，中信出版社。

周滔、李静，2014，《我国城市街区单元平面形态的演替：现状、动因及规律》，《人文地理》第 5 期。

周雪光，2005，《“关系产权”：产权制度的一个社会学解释》，《社会学研究》第2期。

周雪光，2005，《“逆向软预算约束”：一个政府行为的组织分析》，《中国社会科学》第2期。

周雪光，2015，《项目制：一个“控制权”理论视角》，《开放时代》第2期。

朱道林，1992，《试论土地增值》，《中国土地科学》第6期。

祝桂峰、谭宏伟，2020，《广东“三旧”改造节约土地20余万亩》，《中国自然资源报》12月23日。

《资本论》（第3卷），1975，人民出版社。

邹兵，2013，《由“增量扩张”转向“存量优化”：深圳市城市总体规划转型的动因与路径》，《规划师》第5期。

邹兵，2013，《增量规划、存量规划与政策规划》，《城市规划》第2期。

邹兵，2015，《增量规划向存量规划转型：理论解析与实践应对》，《城市规划学刊》第5期。

邹兵、王旭，2020，《社会学视角的旧区更新改造模式评价——基于深圳三个城中村改造案例的实证分析》，《时代建筑》第1期。

邹兵、周奕汐，2020，《城中村居住空间有机更新的成功试验——深圳水围村柠盟公寓改造项目评析》，《当代建筑》第5期。

Agnew, John. 1994. “The Territorial Trap: The Geographical Assumptions of International Relations Theory.” *Review of International Political Economy* 1: 53 – 80.

Akerlof, George A. 1970. “The Market for ‘Lemons’: Quality Uncertainty and the Market Mechanism.” *Quarterly Journal of Economics* 84: 488 – 500.

Atkinson, Rowland. 2004. “The Evidence on the Impact of Gentrification: New Lessons for the Urban Renaissance.” *European Journal of Housing Policy* 4: 107 – 131.

Bai, Chong-en and Yijiang Wang. 1998. “Bureaucratic Control and the Soft Budget Constraint.” *Journal of Comparative Economics* 26: 41 – 61.

Baker, George, Robert Gibbons, and Kevin J. Murphy. 2002. “Relational Contracts and the Theory of the Firm.” *The Quarterly Journal of Economics* 117: 39 – 84.

Beatson, Sir Jack, Andrew Burrows, and John Cartwright. 2010. *Anson's Law of Contract* (29th ed.). New York: Oxford University Press.

Bourne, Larry. 1993. "The Myth and Reality of Gentrification: A Commentary on Emerging Urban Forms." *Urban Studies* 30: 183 – 189.

Brabant, van and M. Jozef. 1990. "Socialist Economics: The Disequilibrium School and the Shortage Economy." *Journal of Economic Perspectives* 4: 157 – 175.

Bromley, Ray. 2003. "Social Planning: Past, Present, and Future." *Journal of International Development* 15: 819 – 830.

Bull, Clive. 1987. "The Existence of Self-enforcing Implicit Contracts." *The Quarterly Journal of Economics* 102: 147 – 159.

Castells, Manuel. 2009. *The Rise of the Network Society.* MA: Blackwell Publishers.

Claro, Danny Pimentel, Geoffrey Hagelaar, and Onno Omta. 2003. "The Determinants of Relational Governance and Performance: How to Manage Business Relationships." *Industrial Marketing Management* 32: 703 – 716.

Coase, Ronald Harry. 1937. "The Nature of the Firm." *Economics* 4: 386 – 405.

Dewatripont, Mathias and Eric Maskin. 1995. "Credit and Efficiency in Centralized and Decentralized Economies." *The Review of Economic Studies* 62: 541 – 555.

Fama, Eugene Francis 1980. "Agency Problems and the Theory of the Firm." *Journal of Political Economy* 88: 288 – 307.

Fei, Hsiao Tung and Chih I. Chang. 1945. *Earthbound China: A Study of Rural Economy in Yunnan.* Chicago: University of Chicago Press.

Fei, Xiaotong. 1939. *Peasant Life in China: A Field Study of Country Life in the Yangtze Valley.* London: Routledge and Kegan Paul.

Freedman, Maurice. 1979. *The Study of Chinese Society.* Stanford: Stanford University Press.

Geertz, Clifford. 1980. *Negara: The Theatre State in Nineteenth-century Bali.* Princeton: Princeton University Press.

Giddens, Anthony. 1984. *The Constitution of Society.* Oxford: Polity Press.

Grossman, Sanford and Oliver Hart. 1986. "The Costs and Benefits of Ownership: A Theory of Vertical and Lateral Integration." *Journal of Political Economy* 94: 691-719.

Hart, Oliver and John Moore. 1990. "Property Rights and the Nature of the Firm." *Journal of Political Economy* 98: 1119-1158.

Hart, Oliver and John Moore. 1999. "Foundations of Incomplete Contracts." *The Review of Economic Studies* 66: 115-138.

Harvey, David. 1969. *Explanation in Geography*. London: Edward Arnold.

Holmstrom, Bengt. 1979. "Moral Hazard and Observability." *The Bell Journal of Economics* 10: 74-91.

Holmstrom, Bengt. 1999. "Managerial Incentive Problems: A Dynamic Perspective." *The Review of Economic Studies* 66: 169-182.

Holmstrom, Bengt and Paul Milgrom. 1991. "Multitask Principal-agent Analyses: Incentive Contracts, Asset Ownership, and Job Design." *Journal of Law, Economics and Organization* 7: 24-52.

Huang, Haizhou and Chenggang Xu. 1998. "Soft Budget Constraint and the Optimal Choices of Research and Development Projects Financing." *Journal of Comparative Economics* 26: 62-79.

Huang, Haizhou and Chenggang Xu. 1999. "Institutions, Innovations, and Growth." *American Economic Review* 89: 438-443.

Jacobus, Jane. 1961. *The Death and Life of Great American Cities*. New York: Random House.

Klein, Benjamin and Keith B. Leffler. 1981. "The Role of Market Forces in Assuring Contractual Performance." *Journal of Political Economy* 89: 615-641.

Kornai, Jάnos. 1979. "Resource-constrained versus Demand-constrained Systems." *Econometrica* 47: 801-819.

Kornai, Jάnos. 1986. "The Soft Budget Constraint." *Kyklos* 39: 3-30.

Lazarsfeld, Paul F. 1975. "Working with Merton." In Coser Lewis A. *The Idea of Social Structure Papers in Honor of Robert K. Merton*. New York: Harcourt Brace.

Li, David D. and Minsong Liang. 1998. "Causes of the Soft Budget Constraint: Evidence on Three Explanations." *Journal of Comparative Economics* 26:

104 – 116.

Logan, John and Harvey Molotch. 2007. *Urban Fortunes: The Political Economy of Place*. Berkeley: University of California Press.

Macaulay, Stewart. 1963. "Non-contractual Relations in Business: A Preliminary Study." *American Sociological Review* 28: 55 – 67.

Macneil, Ian Roderick. 2000. "Relational Contract Theory: Challenges and Queries." *Northwestern University Law Review* 94: 877.

Macneil, Roderick W. 1986. "Contract in China: Law, Practice, and Dispute Resolution." *Stanford Law Review* 38: 303 – 397.

Malinowski, Bronislaw. 2005. *Argonauts of the Western Pacific: An Account of Native Enterprise and Adventure in the Archipelagoes of Melanesian New Guinea*. London: Routledge.

Maskin, Eric and Jean Tirole. 1999. "Unforeseen Contingencies and Incomplete Contracts." *The Review of Economic Studies* 66: 83 – 114.

Mayer, Robert Roy. 1969. *Social Structural Change: A Theoretical Framework for Social Planning*. Waltham: Brandeis University.

Mead, Margaret. 1928. *Coming of Age in Samoa: A Psychological Study of Primitive Youth for Western Civilisation*. New York: William Morrow Company.

Merton, Robert King. 1936. "The Unanticipated Consequences of Purposive Social Action." *American Sociological Review* 1: 894 – 904.

Merton, Robert King. 1968. *Social Theory and Social Structure*. New York: Free Press.

Molotch, Harvey. 1976. "The City as a Growth Machine: Toward a Political Economy of Place." *Cities and Society* 82: 15 – 27.

Mumford, Lewis. 1961. *The City in History: Its Origins, Its Transformations, and Its Prospects*. New York: Harcourt Brace Jovanovich, Inc.

Murray, Charles. 1984. *Losing Ground: American Social Policy, 1950 – 1980*. New York: Basic Books.

Victor, Nee and Sijin Su. 1996. "Institutions, Social Ties, and Commitment in China's Corporatist Transformation." In *Reforming Asian Socialism: The Growth of Market Institutions*, edited by John McMillan and Barry Naughton. Ann Arbor: University of Michigan Press.

Oliver, Harold H. 2001. "Relational Metaphysics and Western Non-substantialism." *The International Journal for Field-Being* Part 1: Article No. 4.

Osiander, Andreas. 2001. "Sovereignty, International Relations, and the Westphalian Myth." *International Organization* 55: 251 –287.

Poppo, Laura and Todd Zenger. 2002. "Do Formal Contracts and Relational Governance Function as Substitutes or Complements?" *Strategic Management Journal* 23: 707 –725.

Qian, Yingyi. 1994. "A Theory of Shortage in Socialist Economies Based on the 'Soft Budget Constraint'." *The American Economic Review* 84: 145 –156.

Rawls, John. 1996. *Political Liberalism*. New York: Columbia University Press.

Roberts, Peter and HughSykes. 2000. *Urban Regeneration: A Handbook*. London: SAGE Publications.

Sabel, Charles and William Simon. 2011. "Minimalism and Experimentalism in the Administrative State." *The Georgetown Law Journal* 100: 53 –93.

Scott, James C. 2020. *Seeing Like a State: How Certain Schemes to Improve the Human Condition Have Failed*. New Haven: Yale University Press.

Segal, Ilya. 1999. "Complexity and Renegotiation: A Foundation for Incomplete Contracts." *The Review of Economic Studies* 66: 57 –82.

Qiao, Shitong. 2018. *Chinese Small Property: The Co-evolution of Law and Social Norms*. Cambridge: Cambridge University Press.

Simon, Herbert Alexander. 1945. *Administrative-behavior*. New York: Free Press.

Simon, Herbert Alexander. 1951. "A Formal Theory of the Employment Relationship." *Econometrica* 19: 293 –305.

Stake, Robert E. 2005. "Qualitative Case Studies." In *The Sage Handbook of Qualitative Research*, edited by Norman K. Denzin and Yvonna S. Lincoln. Los Angeles: Sage Publications Ltd.

Steinberg, Florian. 1996. "Conservation and Rehabilitation of Urban Heritage in Development Countries." *Habitat International* 20: 463 –475.

Stinchcombe, Arthur L. 1991. "The Conditions of Fruitfulness of Theorizing about Mechanisms in Social Science." *Philosophy of the Social Sciences* 3:

367 - 388.

Taylor, Nigel. 1999. "Town Planning: 'Social', Not Just 'Physical'." In *Introducing Social Town Planning*, edited by Clara H. Greed. London: Routledge.

Tirole, Jean. 1986. "Hierarchies and Bureaucracies: On the Role of Collusion in Organizations." *Journal of Law, Economics, and Organization* 2: 181 - 214.

Tirole, Jean. 1996. "A Theory of Collective Reputations (With Applications to the Persistence of Corruption and to Firm Quality)." *The Review of Economic Studies* 63: 1 - 22.

Tirole, Jean. 1999. "Incomplete Contracts: Where Do We Stand." *Econometrica* 67: 741 - 781.

Williamson, Oliver Eaton. 1985. *The Economic Institutions of Capitalism: Firms, Markets, Relational Contracting*. New York: Free Press.

Yeung, Henry Wai-chung. 2019. "Rethinking Mechanism and Process in the Geographical Analysis of Uneven Development." *Dialogues in Human Geography* 3: 226 - 255.

Yin, Robert K. 1994. *Case Study Research: Design and Methods*. 3rd edition. Thousand Oaks: Sage Publications.

Zhang, Chun, S. T. Cavusgil, and Anthony S. Roath. 2003. "Manufacturer Governance of Foreign Distributor Relationships: Do Relational Norms Enhance Competitiveness in the Export Market?" *Journal of International Business Studies* 34: 550 - 566.

图书在版编目(CIP)数据

基于合约视角的存量规划 / 刘一鸣著. -- 北京 :
社会科学文献出版社, 2023.8
(空间规划的合约分析丛书 / 李贵才, 刘世定主编
)
ISBN 978-7-5228-2052-1

Ⅰ. ①基… Ⅱ. ①刘… Ⅲ. ①城市规划-研究-深圳
Ⅳ. ①TU984.265.3

中国国家版本馆 CIP 数据核字(2023)第 121137 号

空间规划的合约分析丛书
基于合约视角的存量规划

丛书主编 / 李贵才 刘世定
著 者 / 刘一鸣

出 版 人 / 冀祥德
责任编辑 / 杨桂凤
文稿编辑 / 陈彩伊
责任印制 / 王京美

出 版 / 社会科学文献出版社 · 群学出版分社 (010) 59367002
地址: 北京市北三环中路甲 29 号院华龙大厦 邮编: 100029
网址: www.ssap.com.cn
发 行 / 社会科学文献出版社 (010) 59367028
印 装 / 三河市尚艺印装有限公司

规 格 / 开 本: 787mm × 1092mm 1/16
印 张: 12.25 字 数: 198 千字
版 次 / 2023 年 8 月第 1 版 2023 年 8 月第 1 次印刷
书 号 / ISBN 978-7-5228-2052-1
定 价 / 98.00 元

读者服务电话: 4008918866